高强度耐磨铝合金钻杆制造技术

王小红　林元华　郭晓华　汪　妹　等著

石油工业出版社

内 容 提 要

本书对铝合金钻杆制备、组织及性能进行了系统介绍，针对现有铝合金钻杆耐磨性差的特点并结合铝合金钻杆特定的服役条件，着重介绍了SiC颗粒增强铝基复合材料制备、挤压成形及微观结构、强度指标、磨损性能、腐蚀行为的研究成果，同时采用数值模拟技术探讨了高强耐磨铝合金钻杆挤压温度、挤压比对钻杆成形性能的影响，给出了优化的挤压工艺参数。

本书适合从事钻井及石油天然气装备制造的相关科研人员、技术人员及高等院校相关专业师生阅读和参考。

图书在版编目（CIP）数据

高强度耐磨铝合金钻杆制造技术／王小红等著 . ——
北京：石油工业出版社，2020.1
　　ISBN 978-7-5183-3605-0

　　Ⅰ . ①高… Ⅱ . ①王… Ⅲ . ①高强度合金-耐磨合金
-铝合金-钻杆-研究 Ⅳ . ①TD421.2

　　中国版本图书馆 CIP 数据核字（2019）第 206050 号

出版发行：石油工业出版社
　　　　　（北京安定门外安华里 2 区 1 号　　100011）
　　　　　网　址：www. petropub. com
　　　　　编辑部：（010）64243546　图书营销中心：（010）64523633
经　　销：全国新华书店
印　　刷：北京中石油彩色印刷有限责任公司

2020 年 1 月第 1 版　2020 年 1 月第 1 次印刷
787×1092 毫米　开本：1/16　印张：8.25
字数：200 千字

定价：45.00 元
（如出现印装质量问题，我社图书营销中心负责调换）
版权所有，翻印必究

前　　言

近年来，我国常规油气资源不断减少，油气勘探开发不得已转向非常规或复杂地质环境油气资源。因此，深井/超深井、水平井和多分支井等复杂结构井的数量日趋增多，同时，将面临较多或异常恶劣的腐蚀环境，这些都对油气井建井工程提出了技术挑战。钻杆作为油气钻井所需的重要工具，也对其提出了更高的要求，表现在：深井/超深井需要逐步增加钻井深度，在钻柱设计上除采用复合钻柱技术外，还必须尽量减少下部钻具组合的重量，提供复合钻柱的延伸极限；随着水平井数量和水平段长度不断增加，迫切需要低密度的钻杆，以降低水平段的摩阻，实现较大的水平段长度；酸性环境的钻井作业需要耐腐蚀的钻杆材料，提高钻柱的可靠性。

传统钢钻杆在水平井、高腐蚀性环境、深井/超深井等施工中经常遇到钻杆摩擦热裂、氢脆、应力腐蚀断裂、钻井速度和效率降低、负载过大等问题，为此，开发适用于这些复杂的钻井服役工况、服役环境及新钻井技术所需的新型钻杆成为钻具发展的必由之路。铝合金具有密度低、比强度高、弹性模量低、耐硫化氢和二氧化碳腐蚀及无磁性等优良特性，是最有潜力的新型钻具材料。但我国铝合金及铝基复合材料钻杆的研发与生产尚处于起步阶段，既没有成熟的工艺可借鉴，也没有系统的理论进行指导。鉴于此，针对石油钻井用铝合金钻杆及钻杆用铝基复合材料研发的紧迫性和技术难点，本书系统地介绍了当前铝合金钻杆的材料体系及生产工艺，研发了钻杆用铝基复合材料，结合石油钻井工况系统评价了该复合材料的力学性能、磨损性能及耐蚀性能，通过数值技术模拟了工具与模具形状参数及挤压工艺参数对挤压成形铝合金钻杆几何尺寸及晶粒度、损伤等的影响。

本书作为一部全新的铝合金钻杆领域的专业书籍，既有详细的工艺参数介绍，又有大量详实的实验数据作支撑，可为从事铝合金钻杆研发的科研工作人员和铝合金钻杆生产的从业者提供有益的指导和帮助。

本书的相关研究工作获得了四川省教育厅重点项目资助(项目编号：13ZA0181)。本书部分实验工作为王小红副教授获"西部计划"资助在英国 University of Leicester 进行。本书的基础数据来自本团队的老师、研究生的科研实验，主要参与人员包括王小红、林元华、郭俊、郭晓华、汪姝、叶宇、彭正委等人，在此一并表示感谢。

目　　录

1 绪 论

1.1 我国油气资源格局

我国剩余石油探明储量 $27.87×10^8t$，其中陆地东部的松辽盆地和渤海盆地，累计探明石油地质储量的 60%；陆地中西部的鄂尔多斯盆地、准噶尔盆地、吐哈盆地、柴达木盆地等主要含油气盆地，探明地质储量所占比例为 26%，是极其重要的战略接替区；海域的渤海湾、珠江口和莺歌海等盆地，探明地质储量占 14%，仍然有很大的增长空间。中国油气层探明储量区域相对集中，主要分布在西部，占资源总量的 83%，东部海域仅占 17%。

1.1.1 深井和超深井数量迅速增加

随着我国易开发油气层的日渐枯竭及油气需求量的快速攀升，油气田的采掘逐步向深部发展，深井和超深井钻探技术不断发展，深井和超深井数量迅速增加。1966 年于大庆油田钻成第一口深井，井深 4719m；1976 年于四川盆地钻成第一口超深井，井深 6011m。1976—1985 年，全国共钻成 10 口超深井，其中 2 口井深超过 7000m。1986—1997 年，我国深井和超深井钻井技术迎来较大发展，深井和超深井数量迅速增加，10 年内完钻深井和超深井 688 口，其中 34 口超深井，1997 年完钻的塔深 1 井深达 7200m。自 20 世纪 90 年代末期以来，随着油气勘探开发技术的发展，可探明油气藏的埋藏深度逐渐加大，主要分布在 4000～8000m 井深，钻井技术也由浅向深及超深定向水平井发展。随着塔里木盆地和四川盆地的大规模勘探开发，深井和超深井数量越来越多[1]。2008 年之后，中国石化每年完钻超深井多达 100 口以上。截至 2013 年，中国石化完成 7000m 以上深井、超深井 70 余口，其中塔深 1 井井深达 8408m，为当时亚洲最深井。

近年来，中国石油通过自"八五"开始的持续攻关，深井和超深井钻探技术发展迅速（图 1.1），创建了一批深井记录，深井超深井数量快速增长，支撑了塔里木、川渝大气田的建设。2012 年完成 4000m 以上深井 643 口，完成 6000m 以上超深井近 100 口。同时，随着钻井装备和配套工艺技术的不断进步，钻探能力逐步提高。2011 年完成的克深 7 井，完钻深度达到 8023m。

伴随着深井和超深井钻探技术的迅猛发展，油气资源开发也遇到很多新的难题。第一，地层结构复杂。在四川等西部地区开展井眼钻探难度很大，不仅要克服岩石层结构复杂带来的压力变化，而且要克服裸眼深度大，井周壁的安全性能难以保证等困难。同时，地层深度过大导致井下钻具还需承受超高温、高压环境的考验。第二，我国的深井和超深

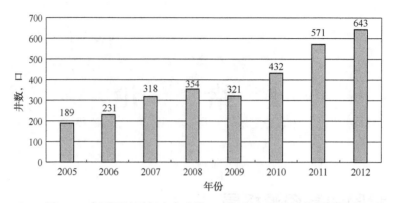

图 1.1　中国石油近年来完成的 4000m 以上深井钻井指标图

井技术的研究有待进一步深入。虽然我国现在掌握了该技术的一些核心内容，能够实现深井和超深井的完钻，但是相比发达的美国和德国等国家，还存在一定的技术差距。例如，勘探过程中有关地质结构的探明和标识存在明显的技术空白点；变压力、坚硬地层高水平稳定钻探技术存在不足。第三，我国深井和超深井钻探装备不断发展，但适用于温差变化大的、耐磨损的井下钻具还比较欠缺。2005 年，我国宝鸡石油机械有限责任公司(简称宝石机械)研发成功国内首台 9000m 超深井钻机，2007 年又研发成功全球首台陆地用 12000m 特深井钻机，2012 年研发成功我国首套 8000m 超深井钻杆，为我国深井和超深井钻探提供了关键装备[2]。但在适用于深井和超深井的轻质钻杆、耐磨钻杆的研制方面才刚起步。第四，缺乏一整套行之有效的处理复杂地质结构的工序流程[3]。

1.1.2　水平井数量及水平段长度不断增加

目前，世界各国各种水平井完成总数已达 45000 口，分布在 60 多个国家和地区。面对国内日趋复杂的开采环境，我国亦加大了油气勘探开发投入，尤其是在高效开发油气方面加大作为重要技术支撑的水平井技术的投入，水平井技术不断发展，目前已拥有 6 个系列和多个种类的水平井且水平井数量不断增加。截至 2011 年底，我国陆上共完成水平井 8700 余口，其中中国石油 5116 口，中国石化 3661 口。从 2000 年到 2012 年，13 年间，中国石油水平井数量从 26 口增加到 1701 口，水平井数量增加了 64 倍(图 1.2)[4-6]；中国石化水平井数量也从 2005 年的 135 口增加到 2011 年的 713 口，7 年间增加了 4 倍多[7]。

伴随水平井钻井技术日新月异的发展，水平段长度也在持续加长。水平段长度从不足 500m 发展到 500~800m，再发展到 1000m，如今水平段长度能够超过 1500m。水平段长度的增加，起到了增大泄流面积，提高了单井产量，在增储上产、提高油气井开发效益方面起到了良好的作用。2010 年，长庆气田苏 5-2-15H 井(井深 5235m)，率先在苏里格气田突破 1500m 水平段长度，其 ϕ152.4mm 井眼水平段长达 1508m。2010 年，中国石化大牛地油气开发公司布置的水平井 DP23 井顺利完钻，水平段超过 1500m，超过了 2009 年 DP20 井的 1497m 纪录，创下了中国石化大牛地气田水平段长度的新纪录。随着长水平段水平井开发效果的不断显现，长水平段水平井钻井技术将成为今后钻井发展的方向。

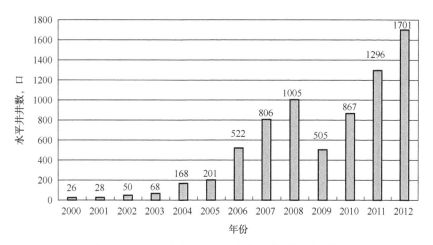

图 1.2　中国石油近年来完成水平井情况对比图

但是，目前国内油田对于长水平段钻完井技术的应用还未达到成熟程度，而国外公司对于长水平段钻井技术严格保密，尤其是长水平段钻进加压等工具只提供技术服务。因此，当水平井水平段超过 1500m 时，水平井钻井周期长，钻进过程还有许多技术难题须攻克[8]：第一，钻进过程中伴随水平段延长，摩阻增加，钻遇岩性多变导向工具钻压传递困难，增加了井眼轨迹控制的难度和井下作业风险；第二，水平井钻进过程中短程起、下钻及划眼次数明显要多于直井，造斜、增斜、稳斜、扭方位等工艺复杂，全角变化率大，键槽卡钻发生频率较大，水平段的气层厚度在横向上起伏较大，纵向上与设计相差较大，如何利用地质导向技术提高储层钻遇率也是技术难点之一[9]。

水平井钻井对原钢钻杆性能带来挑战。相比直井，大曲率定向井和水平井在钻进时钻杆承受的弯曲应力大，钻柱与裸眼井段和套管井段的摩擦力也不断增加。弹性模量是钻柱材料重要性能之一，影响钻柱的应力—应变状态，铝合金钻杆弹性模量小，具有良好的抗弯曲载荷性能，在大曲率定向井和水平井钻进中具有明显的优势，可有效提高钻井效率及钻井安全性，并延长钻柱使用寿命[3]。

1.1.3　酸性油气田数量不断增加

酸性气藏是指产出的天然气中含有 H_2S 和 CO_2 等非烃类气体以及硫醇、硫醚等杂质的气藏。从资源储量分布看，我国天然气中 H_2S 含量大于 1% 的天然气储量占全国天然气储量的 1/4。随着天然气资源的勘探与开发，一些高含 CO_2 和 H_2S 的酸性气田正在不断地被发现和开发，如川渝地区的卧龙河气田、普光气田、河北赵兰庄气田以及塔里木油田的迪那气田、轮南气田等。我国酸性气田主要分布在川渝、松辽、渤海湾、吉林等地，而川渝地区尤为突出[10-12]。川东北硫化氢气田群就是典型的高含硫、特高含硫天然气气田，中坝雷口坡组 H_2S 含量约为 13.3%，卧龙河嘉陵江组为 6.99% ~ 31.95%，罗家寨飞仙关组为 7.13% ~ 13.74%，见表 1.1。普光气田 H_2S 含量 12.44% ~ 16.89%、CO_2 含量 7.94% ~ 9.07%，松辽地区部分气田 CO_2 含量高达 99.02%，渤海湾与四川地区气田的 CO_2 含量也偏高，见表 1.2。

表 1.1　我国主要含硫气田的 H_2S 含量

盆地	气田名称	地层	H_2S 含量,%	H_2S 质量浓度, g/m^3
渤海湾	赵兰庄	孔店组	83.00~92.00	903.42~1319.28
	罗家	明化镇组	4.35~6.5	62.38~93.21
四川	中坝	雷口坡组	13.3	204.607
	卧龙河	嘉陵江组	6.99~31.95	107.61~491.49
	渡口河	飞仙关组	16.21~17.06	231.93~244.05
	铁山坡	飞仙关组	14.19~14.51	203.27~208.07
	龙门	飞仙关组	8.52~17.41	120.92~249.66
	高峰场	飞仙关组	7.07	101.38
	罗家寨	飞仙关组	7.13~13.74	102.07~184.98

表 1.2　我国主要酸性气田 CO_2 含量

盆地	气田名称	井深, m	CO_2,%
松辽	昌德东	3602~3620	89.73
	乾安	2176.2~2185.2	80.73
	万金塔	838.8~863.4	99.02
	孤店	1623.4~1648.2	81.05
	八里泊	2716.2~2760.81	98.00
	长岭	4000	25
渤海湾	高青	833.4~834.4	58.2
	文留	3310.6~3333.4	79.23
	翟庄子	2040~2056	97.86
	平方王	1453.6~1483.2	68.85
	花沟	1965.12~1980.2	93.54
苏北—南黄海	黄桥	2025~2297	98.9
四川	普光	5295	7.94~9.07
	中坝	3315	5.43
	卧龙河	4081.92	0.74
	威远	2432	4~5

　　高含 H_2S 和 CO_2 气田开采的技术难点之一，是由于 H_2S 和 CO_2 溶于水中形成酸性介质，对井下油管、套管及钻杆材料产生腐蚀，从而危害油气井安全。四川磨溪气田(该气田 H_2S 含量为 1.66%~2.35%，CO_2 含量为 0.36%~0.89%)在试生产头三年里有 10 多口井

的油管因 H_2S 和 CO_2 腐蚀穿孔掉入井中，更换油管数千米[9]。酸性气田因腐蚀造成钻具失效进一步增加了酸性气田开采难度。川渝气田的罗家 2 井（该井 H_2S 含量高达125.53g/m³，CO_2 含量高达 106.88g/m³）在处理井下复杂事故期间，悬挂在井里的钻具经常会发生硫化氢应力腐蚀开裂失效事故。据国外资料统计，酸性气田钻具断裂引起的落鱼打捞成本为平均每口井 10 万美元。酸性气田开采难点之三是缺乏适用的抗硫钻杆技术标准，在高含硫气田中钻杆失效频繁，造成巨大的经济损失和社会影响。

随着油气资源的日益枯竭，非常规油气田的开发对我国经济发展的制约效应越来越显著，国内众多含 H_2S 和 CO_2 的天然气田的大规模投入开发成为迫切需求。但高含 H_2S 和 CO_2 气田钻井作业存在显著的安全风险，因此，研究酸性气田适用的钻杆技术指标体系，研发耐 H_2S 和 CO_2 的油气井管、杆材料，改变目前局部地区由于高含 H_2S 和 CO_2 带来的钻井作业无材可选的尴尬境地，对于酸性油气田的安全开发具有极为重要的意义[14]。

1.2 当前油气资源格局下铝合金钻杆的机遇与挑战

钻杆是钻探过程中进行起卸或旋转底部钻具组合的主要钻探装置，通常是为承载外部和内部的重大压力以及扭力、弯曲力和振动力而设计；同时，钻杆也是将钻井液从钻头经过其金属管道元件输送到环空的通道，因此，钻具是石油天然气勘探与开发中的重要工具，是钻井工程的"血管"。随着钻机设备性能的不断提升和发展，以及新钻井技术和钻井工艺的不断提高和应用，一些高含 CO_2 和 H_2S 的酸性气田以及超深油气藏资源正在被不断地发现和开发，超深井、超短水平定向井、大位移井的数量也在不断增加。随着钻井深度的增加，钻杆的重量、油层的压力、工艺必需的钻井液的密度、钻井液的加压压力也随之增大，钻杆旋转时，阻力和克服阻力所必需的施加于钻杆的钻压也将增大。传统钢钻杆在水平井、高腐蚀性介质井、超深井等施工中经常遇到钻杆摩擦热裂、氢脆、应力腐蚀断裂、钻井速度和效率降低、负载过大等问题，为此，开发适用于这些复杂的钻井服役工况和服役环境，以及新钻井技术下的高性能钻杆产品成为钻具发展的必由之路。

1.2.1 铝合金钻杆在深井和超深井中的优势

1.2.1.1 铝合金钻杆钻井深度较传统钢钻杆深

钻柱的重量决定了钻柱工作时的名义应力，从而决定了钻机的钻深能力。

根据钻杆材料密度可确定钻杆重量。与传统的钢钻杆相比，铝合金钻杆由于其密度低（表 1.3[15]），因此，相同尺寸的由钢接头连接的铝合金钻杆在空气中的整体重量仅约为钢钻杆的 45%（表 1.4[16]）。

表 1.3 铝合金钻杆与钢钻杆、钛合金钻杆的基本性能参数对比表

材料	密度，g/cm³	纵向弹性模量，MPa	剪切模量，MPa	泊松系数	线膨胀系数，10^{-6}/℃	比热容，J/(kg·℃)
铝合金	2.78	71000	27000	0.30	22.6	840
钢	7.85	210000	79000	0.27	11.4	500
钛合金	4.54	110000	42000	0.28	8.4	460

表 1.4　钢钻杆和铝合金钻杆单位长度的重量

尺寸, in	在空气中单位长度的重量, kgf/m	
	钢钻杆	铝合金钻杆
4	23.0	10.3
5	34.9	17.2
5⅞	39.3	22.3

　　材料的比强度决定钻杆的最大钻进深度。比强度是材料的屈服强度与其相对密度的比值。钻杆实际钻进时会受到钻井液的浮力作用，因此，钻杆在钻井液中工作时比强度计算公式可由式(1.1)[17]或式(1.2)计算得出[18]。利用式(1.2)计算出的比强度等效于单一规格的钻管在钻井液中垂直钻进时，当顶部横截面达到屈服强度时钻杆能钻进的最大深度，即极限钻进深度。

$$I=\frac{\sigma_{0.2}}{n(\rho_m-\rho_1)} \tag{1.1}$$

式中　I——材料的比强度；

　　　$\sigma_{0.2}$——材料的屈服强度；

　　　ρ_m——材料的表观密度；

　　　ρ_1——钻井液的相对密度；

　　　n——安全系数。

$$I=\frac{P_{yield}}{KG_{pipe\ in\ air}}L_{pipe} \tag{1.2}$$

式中　P_{yield}——当钻柱顶部横截面达到屈服时的应力；

　　　$G_{pipe\ in\ air}$，L_{pipe}——管在空气中的重量及长度；

　　　K——浮力因子，$K=1-\dfrac{\rho_{mud}}{\rho_{pipe}}$；

　　　ρ_{mud}——钻井液密度；

　　　ρ_{pipe}——钻杆与接头的等效密度。

　　以适应 8½in 钻头的钻杆为例，利用式(1.2)计算不同规格铝合金钻杆和钢钻杆在空气中及不同密度钻井液中的极限钻进深度。计算时，考虑管体与管体之间的连接接头外径为 7in，单根管长为 9.15m，钢钻管的数据来自于 7G-API 及 Grant Prideco Catalog，铝合金钻管数据来自于 ISO 15546。计算结果见表 1.5，由表 1.5 可见，在空气及钻井液中，D16T 及 1953T1 的极限钻进深度均高于 G-105 钢钻杆，1953T1 的极限钻进深度高于 S-135 及 V-150（仅外径 127mm，壁厚 12.7mm 的 V-150 钻杆在空气中的极限钻进深度例外）。

　　5 种材料制备的钻杆在不同密度的钻井液中的最大钻进深度如图 1.3 所示。由该图可见，由于铝合金密度小，仅 2.78g/cm³，约为钢密度的 35%，因此铝合金钻杆具有最大的潜在钻深，是最适宜的深井与超深井钻杆材料。图中两种铝合金钻杆相比，1953T1 钻杆比 D16T 具有更大的钻深。

表 1.5　钢钻杆及铝合金钻杆极限钻进深度[18]

钻杆尺寸			钻杆质量（钢接头），kg			屈服载荷 kg	极限钻进深度，m		
外径 mm	壁厚 mm	材料	空气	钻井液密度			空气	钻井液	
				1000kg/m³	2000kg/m³			1000kg/m³	2000kg/m³
149.2	9.17	G-105	360	314	268	2979	7572	8685	10183
149.2	9.17	S-135	360	314	268	3830	9735	11166	13091
149.2	9.17	V-150	360	314	268	4255	10816	12406	14545
149.2	10.54	G-105	397	346	295	3391	7825	8976	10524
149.2	10.54	S-135	397	346	295	4360	10061	11540	13530
149.2	10.54	V-150	397	346	295	4844	11178	12822	15032
127	9.19	G-105	315	274	234	2512	7310	8385	9830
127	9.19	S-135	315	274	234	3230	9398	10780	12638
127	9.19	V-150	315	274	234	3589	10441	11977	14042
127	12.7	G-105	402	351	299	3663	8335	9560	11209
127	12.7	S-135	402	351	299	4709	10716	12291	14411
127	12.7	V-150	402	351	299	5232	11905	13656	16011
147	11	D-16T	175	132	89	1528	8002	10584	15623
147	11	1953T1	175	132	89	2256	11819	15631	23074
147	13	D-16T	196	145	95	1778	8314	11181	17066
147	13	1953T1	196	145	95	2626	12279	16513	25205

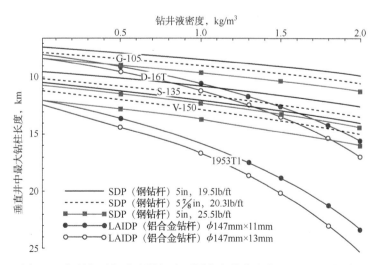

图 1.3　钢钻杆及铝合金钻杆在不同密度钻井液中的最大钻进深度

1.2.1.2　铝合金钻杆在深井和超深井中的应用实例

下面以铝合金钻杆在塔里木油田某井的应用为例，对比说明在深井和超深井钻进时铝合金钻杆与钢钻杆的优劣。该井钻进参数分别为：泵排量为 21L/s，钻井液密度 2000kg/m³，机械钻速为 1.8m/h，转盘钻速为 65r/min，钻压 200kN。其钻柱组合如图 1.4 所示，其中图 1.4（a）中所有钻柱均为钢钻杆，图 1.4（b）中为铝合金钻杆与钢钻杆的组合钻柱。两种不同钻柱组合情况下，计算得到的钻井相关参数见表 1.6[19]。

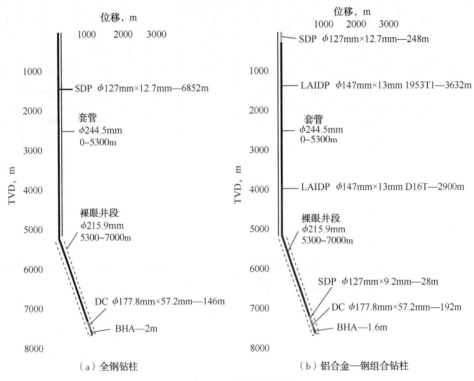

图 1.4　钻柱组合情况

由表 1.6 可见，在总测深为 7000m 的塔里木油田，钻井时，铝合金钻杆与钢钻杆形成的组合钻柱比全钢钻杆钻柱在钻井液中的重量下降 58.42%、大钩载荷下降 65.45%、总拖曳力下降 57.16%、扭矩下降 47.72%、水力损失下降 12.96%、安全系数增加 50%、钻杆伸长量增加 43.15%；起钻时，铝合金钻杆与钢钻杆形成的组合钻柱比全钢钻柱的大钩载荷下降 57.62%、总拖曳力下降 47.20%、安全系数增加 43.75%、钻杆伸长量增加 54.14%。

1.2.2　铝合金钻杆在水平井中的优势

1.2.2.1　铝合金钻杆在水平井钻井中弯曲应力小

水平井的钻柱受力比直井和普通定向井要复杂得多。高曲率井眼将使钻柱产生很大的弯曲应力并可能加快钻柱的疲劳破坏[20]。下面通过水平井钻柱单元力学模型（图 1.5）建立钻柱在水平井中的弯曲应力计算公式，并对比讨论铝合金钻杆与钢钻杆的弯曲应力大小。

表 1.6　钻进与提升条件下使用不同钻柱效果对比[19]

钻　井

设计井深			在钻井液中的重量			大钩载荷			总阻力			扭矩			安全系数			水力损失			钻杆伸长量		
全钢钻柱 m	组合钻柱 m	组合钻柱比全钢钻柱 %	全钢钻柱 tf	组合钻柱 tf	组合钻柱比全钢钻柱 %	全钢钻柱 kN	组合钻柱 kN	组合钻柱比全钢钻柱 %	全钢钻柱 kN	组合钻柱 kN	组合钻柱比全钢钻柱 %	全钢钻柱 kN·m	组合钻柱 kN·m	组合钻柱比全钢钻柱 %	全钢钻柱	组合钻柱	组合钻柱比全钢钻柱 %	全钢钻柱 MPa	组合钻柱 MPa	组合钻柱比全钢钻柱 %	全钢钻柱 m	组合钻柱 m	组合钻柱比全钢钻柱 %
7000			2345	975	-58.42	1965	679	-65.45	67	28.7	-57.16	23.2	12.2	-47.72	2.0	3.0	+50	21.6	18.8	-12.96	14.6	20.9	+43.15

起　钻

大钩载荷			总阻力			钻杆伸长量			安全系数		
全钢钻柱 kN	组合钻柱 kN	组合钻柱比全钢钻柱 %	全钢钻柱 kN	组合钻柱 kN	组合钻柱比全钢钻柱 %	全钢钻柱 m	组合钻柱 m	组合钻柱比全钢钻柱 %	全钢钻柱	组合钻柱	组合钻柱比全钢钻柱 %
2605	1104	-57.62	375	198	-47.2	18.1	27.9	+54.14	1.6	2.3	+43.75

钻柱弯曲应力包括钻柱初始弯曲应力及外载荷作用下钻柱内的附加弯曲应力，计算公式为：

$$\sigma_弯 = \sigma_M + \sigma_b = \pm \left(\frac{EI}{\rho_r W_z} + \frac{R\tau T}{2I} \right) \tag{1.3}$$

式中　$\sigma_弯$，σ_M，σ_b——钻柱的弯曲应力、初始弯曲应力、附加弯曲应力；

　　　E——钻柱材料的弹性模量，Pa；

　　　I——钻柱材料的惯性矩，m^4；

　　　ρ_r——井眼曲率半径，m；

　　　W_z——钻柱抗弯模量，m^3；

　　　R——钻柱管材外圆半径，m；

　　　τ——钻柱与井眼间的径向间隙，m；

　　　T——作用于钻柱单元底部的轴向力，N。

式(1.3)中，钻柱单元底部轴向力 T 可采用式(1.4)进行计算。

$$T_j = p_头 + \sum_{i=1}^{j} \Delta T_i \tag{1.4}$$

其中

$$\Delta T = W \cos \bar{\theta} \pm \mu N$$

式中　T_j——从钻头算起，第 j 个单元上端的轴向力，N；

　　　$p_头$——钻压，N；

　　　ΔT_i——第 i 个单元的轴向力增量，N；

　　　$+\mu$，$-\mu$——钻柱上行和下行摩擦系数；

　　　N——作用于钻柱单元的正压力，N。

正压力 N 可由式(1.5)计算：

$$N = \left[(T\Delta\varphi \sin \bar{\theta})^2 + (T\Delta\theta + W \sin \bar{\theta})^2 \right]^{\frac{1}{2}} \tag{1.5}$$

式中　N——作用于钻柱单元的正压力，N；

　　　T——作用于钻柱单元底部的轴向力，N；

　　　$\Delta\varphi$，$\bar{\theta}$，$\Delta\theta$——钻柱单元的方向角增量(rad)、中点井斜角(rad)、井斜角增量(rad)；

　　　W——钻柱单元在钻井液中的重量。

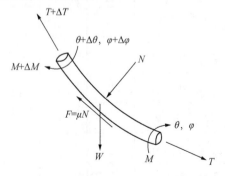

图1.5　钻进时钻柱单元受力分析图

利用式(1.3)可计算出铝合金钻杆与钢钻杆初始弯曲应力比值为33.81%，且由于铝合金钻杆在钻井液中的重量低于钢钻杆的重量，其附加弯曲应力也比钢钻杆低。

Mikhail Ya. Gelfgat. 等人采用式(1.6)来计算钻柱的弯曲应力：

$$S_{弯} = \frac{\pi^2 E D f_0}{4 L_0^2} \qquad (1.6)$$

式中　$S_{弯}$——钻杆所受的弯曲应力，N；

　　　E——材料的弹性模量，MPa；

　　　D——钻杆直径，mm；

　　　f_0——钻杆的弯曲挠度，mm；

　　　L_0——弯曲钻柱的轴向半波长度，mm。

式中相同几何尺寸但不同材料的L_0会有5%~7%的偏差，因此决定钻柱弯曲应力的主要参数是钻柱的弹性模量，可据此初步估算出相同尺寸铝合金钻杆与钢钻杆的弯曲应力比为1：2.96。图1.6为按式(1.6)计算得到的不同井眼尺寸下钢钻杆及铝合金钻杆的弯曲应力[21]，从该图可见，在不同钻柱直径与井眼直径比下，铝合金钻杆的弯曲应力均约为钢钻杆弯曲应力的1/3。

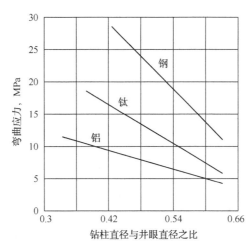

图1.6　铝合金钻杆及钢钻杆弯曲应力随钻柱直径与井眼直径之比变化趋势

1.2.2.2　铝合金—钢组合钻柱与全钢钻柱在水平井中钻井参数对比

本次计算所用的井身结构及钻柱组合如图1.7所示[18]，其中图1.7(a)为全钢钻柱，图1.7(b)为铝合金—钢组合钻柱。基本钻井参数为：钻进方式为旋转钻进，钻井液密度为1600kg/m³，钻井液流变模型为黏塑性模型，钻压为100kN，钻头上的扭矩为1.8kN·m，泵排量30L/s，钻头钻速为80r/min，机械钻速9m/h，最大下钻速度0.75m/s，下钻时钻柱旋转速度40r/min。两种钻柱组合的钻柱参数计算结果见表1.7。由表1.7可见，铝合金—钢组合钻柱其钻进和取钻时的大钩载荷以及总阻力、扭矩均低于钢钻杆钻柱；在没有工具旋转的情况下，铝合金—钢组合钻柱可下钻到12200m的设计井深，但若要钻更远的距离，将可能导致钻柱屈曲。

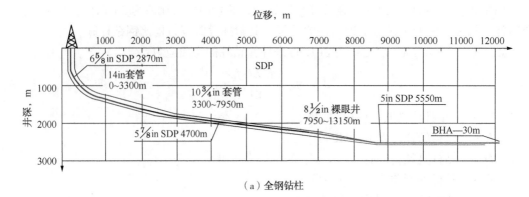

（a）全钢钻柱

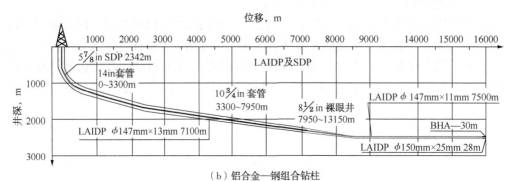

（b）铝合金—钢组合钻柱

图 1.7　井身结构及钻柱组合

表 1.7　用 $8\frac{1}{2}$in 钻头在 13150m 水平井中钻进时钻柱参数计算结果[18]

参数		钻柱组合		铝合金钻杆/钢钻杆 %
		全钢钻柱	铝合金—钢组合钻柱	
钻柱在钻井液中的重量，kN		4160	2140	51.44
大钩载荷，kN	钻进	530	320	60.38
	起钻	1740	920	52.87
	下钻	230	255	110.87
总阻力，kN	钻进	165	80	48.48
	起钻	955	430	45.26
	下钻	570	250	43.86
扭矩，kN·m	钻进	65.1	32.5	49.92
	钻柱旋转下钻	64.6	29.4	45.51
最小安全范围	钻进	2.0	2.0	100
	起钻	1.8	3.3	183.33
	下钻	2.1	2.3	109.52

参数		钻柱组合		铝合金钻杆/钢钻杆 %
		全钢钻柱	铝合金—钢组合钻柱	
钻柱屈曲因子	钻进	3.2	2.2	68.75
	下钻	2.2	2.9	131.82
钻柱伸长，m	钻进	6.3	16.5	261.91
	起钻	18.3	27.2	148.63
	下钻	7.5	16.9	225.33
压力损失，MPa		29.7	23.3	78.45

1.2.3　铝合金钻杆在酸性油气井中的优势

1.2.3.1　铝合金钻杆抗 H_2S 和 CO_2 腐蚀的能力

铝合金钻杆在含饱和 H_2S 及 CO_2 的溶液中其腐蚀速率为零（表 1.8），即铝合金钻杆在高含 H_2S 和 CO_2 的油气井中具有远高于钢钻杆的腐蚀抗力，具有巨大的应用优势[14]。M. Gelfgat 等人按照 NACE TM 0177 的要求，在硫化氢环境中评价了钢钻杆及铝合金钻杆的抗腐蚀性，发现钢钻杆样品在 13 天时发生开裂失效，而铝合金钻杆（牌号 1953）直到标准规定的 30 天期限结束时仍旧没有明显的腐蚀损坏（图 1.8）[21]。

表 1.8　铝合金钻杆在含饱和 H_2S 及 CO_2 的溶液中的腐蚀率

介质	不同牌号铝合金腐蚀速率		
	D16T	1953T1	1980T1
含饱和的 H_2S 及 CO_2		0	

1.2.3.2　铝合金钻杆在含 H_2S 和 CO_2 环境中的应用实例

Samotlorskoye 油田 pH 值为 7.0，CO_2 含量为 202mg/L，H_2S 含量为 0.75mg/L。将铝合金钻杆及钢钻杆分别用于该油田，结果发现铝合金钻杆在应用 1.4 年后其螺纹连接处仅有一处不明显的蚀坑，而钢钻杆在应用 4 个月后即发现其螺纹连接处有明显的穿孔、变薄及局部脱落情况，如图 1.9 所示[22]。

1.2.4　铝合金钻杆耐磨性

根据钻井工程实践，在实际钻进时，钻柱旋转轴线并不与井眼轴线平行，从而使钻柱与裸眼井及套管发生接触产生磨粒磨损。钻柱与井眼接触时的受力模型如图 1.10 所示[23]。钻杆磨损是一个复杂的过程，其磨损值受钻杆管材表面硬度、钻杆承受的法向压力、钻进时的摩擦或滑动距离及所钻地层岩石研磨性能、钻井液润滑性能等因素的影响。在地层岩石研磨性能及钻井液润滑性能相同的条件下，钻杆管材表面硬度与摩擦力将对钻柱的磨损性能起决定性作用[18]。一方面，铝合金钻杆布氏硬度为 120～140HB，远低于钢

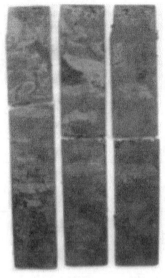

（a）钢（40KhN2MA）　　　　　（b）铝合金（1953）样品

图 1.8　两种材料在硫化氢环境中的腐蚀开裂照片[21]

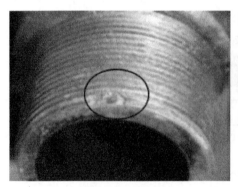

（a）铝合金钻杆使用1.4年后　　　　（b）钢钻杆使用4个月后

图 1.9　直径 73mm 的钻杆在 Samotlorskoye 油田应用后的实物照片[21]

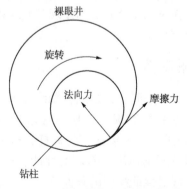

图 1.10　钻柱与井眼接触示意图

钻杆的硬度，故当铝合金钻杆与钢质套管或井眼接触时，铝合金钻杆更易被磨损；另一方面，由于铝合金密度小，单位长度的铝合金钻杆重量比单位长度的钢钻杆更低，结合图1.5及式(1.4)和式(1.5)可知，铝合金钻杆受到的摩擦力显著低于钢钻杆，因此，铝合金钻杆的磨损较钢钻杆低[18]。在铝合金钻杆的实际使用过程中，沿铝合金管体及与钢接头连接处的外表面均发现有明显的磨损现象。在定向井及垂直井中，磨损主要发生在管接头外表面(图1.11[24]及图1.12[25])；在水平井中，磨损主要发生在管体外表面。表1.9定量给出了铝合金钻杆在Kola SD-3井中7200~10700m井段钻进时的磨损值[21]。从该表可见，在5000m及5250m井段，铝合金钻杆的磨损率已超过10%，极大地危害了铝合金钻杆的安全。

图1.11　铝合金钻杆表面磨损情况

图1.12　铝合金钻杆在塔里木油田使用后的表面磨损情况

表 1.9　铝合金钻杆在 Kola SD-3 井中钻进时的磨损情况

| 序号（从底部开始） | 管段 7200~7700m（100 起下钻） | | | 管段 8500~9200m（120 起下钻） | | | 管段 9600~10700m（95 起下钻） | | |
	终点位置① km	工作条件下的拖拽力 10^3kN·km	相对磨损 %	终点位置① km	工作条件下的拖拽力 10^3kN·km	相对磨损 %	终点位置① km	工作条件下的拖拽力 10^3kN·km	相对磨损 %
1	7.5	60.0	1.1	8.75	168.0	2.8	10.0	180.5	3.2
2	7.25	87.0	1.2	8.5	193.8	3.2	9.75	213.0	3.8
3	7.0	98.0	1.2	8.25	217.0	3.4	9.5	252.7	4.6
4	6.75	168.7	2.6	8.0	384.0	4.3	9.25	360.3	5.8
5	6.5	195.0	3.1	7.75	492.9	4.8	9.0	444.6	6.5
6	6.25	231.0	3.4	7.5	576.0	5.9	8.75	548.6	8.2
7	6.0	252.0	3.8	7.25	582.9	7.3	8.5	557.2	9.1
8	5.75	258.7	4.6	7.0	596.4	10.6	8.25	595.6	9.6
9	5.5	269.0	5.3	6.75	639.9	12.2	8.0	615.6	9.8
10	5.25	299.2	6.0	6.5	702.0	13.5	7.75	677.3	10.1
11	5.0	290.0	6.2	6.25	705.0	13.0	7.50	662.6	10.3
12	4.75	289.7	5.4	6.0	698.4	12.6	7.25	654.3	9.7
13	4.5	288.0	5.4	5.75	690.0	12.0	7.0	651.7	9.5
14	4.25	276.0	5.2	5.50	679.8	11.4	6.75	641.2	8.6
15	4.0	264.0	5.0	5.25	667.8	11.0	6.5	626.0	8.2
16	3.75	247.5	4.3	5.0	660.0	11.2	6.25	623.4	8.0
17	3.5	238.0	4.1	4.75	644.0	10.8	6.0	621.3	7.4
18	3.25	237.2	3.6	4.5	626.4	9.5	5.75	617.3	7.1
19	3.0	222.0	2.4	4.25	601.8	8.7	5.5	606.1	6.7
20	2.75	209.0	2.2	4.0	585.6	8.2	5.25	588.5	6.2
21	2.5	192.5	2.0	3.75	571.5	6.3	5.0	584.2	5.6
22	2.25	180.0	1.6	3.50	554.4	5.6	4.75	577.6	5.2
23	2.0	162.0	1.2	3.25	530.4	4.8	4.5	566.0	5.0
24				3.0	511.2	3.9	4.25	549.1	4.6
25				2.75	488.4	2.8	4.0	539.6	4.1
26				2.5	453.0	2.6	3.75	527.2	3.9

续表

序号 (从底部 开始)	管段 7200~7700m(100 起下钻)			管段 8500~9200m(120 起下钻)			管段 9600~10700m(95 起下钻)		
	终点位置① km	工作条件下 的拖拽力 10^3kN·km	相对磨损 %	终点位置① km	工作条件下 的拖拽力 10^3kN·km	相对磨损 %	终点位置① km	工作条件下 的拖拽力 10^3kN·km	相对磨损 %
27				2.25	415.8	2.1	3.5	508.7	3.2
28							3.25	481.6	2.8
29							3.0	447.4	2.4
30							2.75	415.4	2.2
31							2.5	384.7	2.0
32							2.25	350.6	1.9
							2.0	311.6	1.8

① 铝合金钻杆设置位置是指钻杆的底端位置与钻井平台的距离。

1.3　我国铝合金钻杆研发历史及需解决的关键问题

早在 20 世纪 80 年代，我国东北轻合金加工厂研究所就针对地质勘探需要开展了轻合金钻杆的相关研究，初步评价了用于制造铝合金钻杆的 150 变形铝合金、LC4 变形铝合金及用于制造镁钻杆的 128 变形镁合金、MB15 变形镁合金的力学性能、物理性能及耐蚀性能，并指出热处理制度对 LC4 铝合金的应力腐蚀有显著影响[12]。

20 世纪 90 年代中期，我国进一步展开铝合金钻杆的相关研究，中国地质勘查技术院对俄罗斯铝合金钻杆的相关生产技术进行考察，针对俄罗斯铝合金钻杆材料、钻杆结构、装配工艺及钻杆使用进行了系列报道，尤其是将铝合金钻杆与钢钻杆理化性能及力学性能进行了逐一对比，指出了铝合金钻杆在提升钻机能力、提高钻井功效、增加钻机深钻能力、减轻对套管的磨损及钻柱压力损失、提高钻杆的耐腐蚀性能方面具有显著的优势[26]。

基于我国深层、特深层、大位移水平井及高含 H_2S 区块的钻进需要，近年来，我国对铝合金钻杆的研发及使用给予了高度关注并取得显著进展。西南铝业集团的刘静安等人，综合考察了铝合金钻探管的特点及应用，指出世界铝钻杆的需求将达到 50×10^4t 以上，我国铝质钻探管的用量也将达到 10000t 以上[27]。中国地质科学院勘探技术研究所梁健等人对地质钻探用铝合金钻杆的应用情况进行了广泛调研[28]，开展了热处理制度对 7E04 铝合金钻杆基本力学性能及腐蚀特性的研究[29]。上海海隆石油工业集团、中国石化西南油气田分公司、中国地质科学院勘探技术研究所、中国石油大学(北京)、中国石油大学(华东)、西南石油大学[30]等研究机构也纷纷聚焦铝合金钻杆，展开调研及开发工作，目前我国关于铝合金钻杆生产的专利已有 7 件，涉及铝合金钻杆端部结构及其加厚工艺、反循环钻井铝合金双壁钻杆、挤压模具、压型模具、管体制备装置及方法等方面。2011 年，中国地质科学院勘探技术研究所与地质矿产部无锡钻探工具厂研发了用等截面铝合金管双端进行两道次镦粗加厚生产双端内、外加厚铝合金外丝钻杆的工艺[31]。2013年，我国铝合金钻杆取得进一步突破，石油管工程技术研究院、塔里木油田分公司、淄博斯壮铝业联合研制并成功试生产首批国产铝合金钻杆，该批钻杆在塔里木油田 LN2-S24-21X 井试钻4734m，完成了国产铝合金钻杆在油田现场的首次应用试验。2014年，由吉林大学与吉林麦达斯铝业合作研制的铝合金钻杆也试制成功。2015年，中国地质调查局勘探技术研究所研制的铝合金钻杆在"松科2井"应用成功，西南石油大学成功研发出变截面铝合金钻杆挤压成形装置及工艺[32]及可显著降低钻杆磨损率的石油钻杆用 SiC 增强铝基复合材料[25]再次推进了我国自主研发铝合金钻杆的进程。

我国在铝合金钻杆的应用方面起步较晚，经验较少。2008年，塔里木油田从俄罗斯AQUATIC 公司引进3种规格的铝合金钻杆，并分别在克深7井和哈15井使用，这是我国首次使用铝合金钻杆钻井并获成功。哈15井从1530m开始使用铝合金钻杆，截至2013年使用了390根，钻井4299m。该井采集的数据表明，采用铝合金钻杆与钢钻杆配合使用的方案，相对全采用钢钻杆，除钻杆伸长量有所增加外，整个钻杆柱的重量、大钩载荷、总阻力、扭矩、水力损失等参数都明显下降。2014年，我国在惠州油田大位移井中再次使用铝合金钻杆进行钻进，本次钻进所用钻杆为意大利生产的双端外加厚、中间段添加陶瓷衬套的 ϕ147mm 铝合金钻杆，在 ϕ215.9mm 井段的钻进中，未出现卡钻、井漏等问题，起钻时倒划眼很顺利，整个井段节约了工时；相比 ϕ311.5mm 井段的常规钢钻杆，铝合金钻杆的扭矩和摩阻分别降低了20%和15%，最大扭矩为50165N·m；铝合金钻杆中间的陶瓷衬套部分破裂或脱落，钻杆本体没有磨损[33]。

综上，我国铝合金钻杆的研究基础较为薄弱，尚未在关键技术上取得突破。自20世纪80年代开始铝合金钻杆相关研究以来，尽管国内在铝合金钻杆研发及应用方面不断进步，但迄今我国仅有两家企业成功试生产出铝合金钻杆，且尚未在我国石油钻井中大量使用，没有系统的应用数据可供分析。针对我国油气资源格局现状及发展趋势，大力开发高性能铝合金钻杆势在必行。

我国制备高可靠性铝合金钻杆的关键是在系统优化铝合金成分体系、系统优化变截面管挤压成形工艺、固溶及热处理工艺和钻杆杆体与接头连接工艺的基础上，进一步开发高温强度高的铝合金材料[34]，适应不断发展的深井、超深井开发需求；开发耐磨的高强度铝基复合材料，适应不断发展的水平井、定向井、大位移井开发需求。

参 考 文 献

[1] 闫光庆, 张金成. 中国石化超深井钻井技术现状与发展建议[J]. 石油钻探技术, 2013(2): 1-6.

[2] 焦丽倩. 8000米超深井钻机在宝石机械下料生产[J]. 中国石油石化, 2012(15): 75-75.

[3] 曾义金, 刘建立. 深井超深井钻井技术现状和发展趋势[J]. 石油钻探技术, 2005(5): 4-8.

[4] 水平井打出高水平[J]. 国外测井技术, 2013, 34(1): 79.

[5] 孙振纯, 许岱文. 国内外水平井钻井技术现状初探[J]. 石油钻采工艺, 1997(4): 6-12, 105.

[6] 王忠伟. 国内外水平井钻井技术及发展方向[J]. 化工设计通讯, 2017, 43(10): 237.

[7] 李宗田. 水平井压裂技术及展望[J]. 石油钻采工艺, 2009, 31(6): 13-18.

[8] 刘建峰. 长庆气田长水平段水平井快速钻井技术研究与应用[D]. 西安: 西安石油大学, 2015.

［9］熊友明，刘理明，张林，等．我国水平井完井技术现状与发展建议［J］．石油钻探技术，2012
　　（1）：1-6.

［10］胡安平，戴金星，杨春，等．渤海湾盆地 CO_2 气田（藏）地球化学特征及分布［J］．石油勘探与开发，
　　2009，36（2）：183.

［11］鲁雪松，王兆宏，魏立春，等．松辽盆地二氧化碳成因判识与分布规律［J］．石油与天然气地质，
　　2009，30（1）：98-99.

［12］马永生，蔡勋育，李国雄．四川盆地普光大型气藏基本特征及成藏富集规律［J］．地质学报，2005，
　　79（6）：860-862.

［13］贺泽元，王裕康．磨溪气田的腐蚀与新型缓蚀剂的研究［C］．第十届全国缓蚀剂学术讨论会，
　　1997：235.

［14］韩礼红，王航，李方破，等．酸性油气田开发用钻杆关键技术研究［C］．油气井管柱与管材国际会
　　议（2014），2014：9.

［15］Gelfgat M Y，Vakhrushev A V，Basovich D V，et al. Aluminium Pipes-A viable Solution to Boost Drilling
　　and Completion Technology，IPTC13758.

［16］关学丰．几种轻合金钻杆合金性能简介［J］．勘察科学技术，1984，6：59-60.

［17］William J. Gwilliam. Implement Russian Aluminum Drill Pipe and Retractable Drilling Bits into
　　the USA. 1999. 8.

［18］Mikhail Ya. Gelfgat，Vladimir S. Basovich，Alex Adelman er al. Aluminium Alloy Tubulars-Assessment for
　　Ultralong Well Construction［R］. SPE 109722，2017.

［19］鄢泰宁，薛维，兰凯．高可靠性铝合金钻杆及其在超深井和水平井中的应用［J］．地质科技情报，
　　2010，29（1）：112-115.

［20］韩志勇．水平井钻柱的优化设计问题［J］．石油大学学报：自然科学版，1997，21（5）：24-26.

［21］Mikhail Ya GELFGAT，Vladimir S Basovich，Vadim S Tikhonov. Drillstring with Aluminum Alloy Pipes De-
　　sign and Paratices［R］. SPE/IADC79873.

［22］Gelfgat M，Chizhikov V，Kolesov S，et al. Application of Aluminum Alloy Tube Semis：Problems and So-
　　lutions in the Development of Exploration，Production and Transportation Business of Hydrocarbons in the
　　Arctic［R］. SPE166919，1-19.

［23］Bensmina S，Menand S，Sellami H，et al. Which Material is Less Resistant to Buckling：Steel，Aluminum
　　or Titanium Drill Pipe［R］. SPE/IADC140211.

［24］Fain G M. et al. Aluminum Alloys for Offshore Drilling Systems［C］. Proceedings of the 14th International
　　Conference on OMAE 1995，Volume I-B，Offshore Technology 1995：299-306.

［25］Wang Xiaohong，Guo Jun，Lin Yuanhua，et al. Study the Effect of SiC Content on the Wear Behaviour and
　　Mechanism of As-extruded SiCP/aAl—Cu—Mg—Zn Alloy under Simulating Drilling Operation［J］. Surface
　　and Interface Analysis，2016，48：853-860.

［26］薛文林．俄罗斯铝合金钻探管的开发［J］．轻合金加工技术，1995，23（3）：18-20.

［27］刘静安，李建湘．铝合金钻探管的特点及其应用与发展［J］．铝加工，2008，182（3）：4-7.

［28］梁健，刘秀美，王汉宝．地质钻探铝合金钻杆应用浅析［J］．勘察科学技术，2010（3）：62-64.

［29］梁健，彭莉，孙建华，等．地质钻探铝合金钻杆材料研制及室内试验研究［J］．地质与勘探，2011，
　　47（2）：304-308.

［30］王小红，郭俊，闫静，等．铝合金钻杆材料生产工艺及磨损研究进展［J］．材料热处理学报，2013，
　　34（S1）：1-5.

［31］孙建华，梁健，张永勤，等．地质钻探高强度铝合金钻杆研制及其应用［J］．探矿工程，2011，38

（7）：5-7.

[32] 王小红，林元华，闫静，等．内径不变两端壁厚增大管材的挤压装置及挤压方法：中国，ZL 201310753595.3[P]．2015-9-23.

[33] 龚龙祥，李思洋，唐孝华，等．铝钻杆在惠州油田大位移井中的应用[J]．钻采工艺，2015，40（4）：125-127.

[34] Michael Jellison, Brett Chandler, Grant Prideco, et al. Challenging Drilling Applications Demand New Technologies[R]. IPTC 11267：1-8.

2 铝合金钻杆材料及制备工艺

2.1 铝合金钻杆材料

2.1.1 化学成分及物相组成

石油钻杆用铝合金材料主要包括 Al—Cu—Mg、Al—Zn—Mg 和 Al—Cu—Mg—Si—Fe 三个系列，但各国钻杆用铝合金并不完全相同。俄罗斯(前苏联)钻杆用铝合金材料分为常用铝合金(D16T)（相当于美国的 AA2024[1]、我国的 2A12[2]）、高强度、耐腐蚀铝合金 (1953T1)（美国的 AA7014[3]）、特殊耐热铝合金(AK4—1T1)（相当于美国的 AA2618、我国的 LD7[4]）三大材料体系。美国"雷诺金属"公司则选用 AA2014T6 和 AA2024T6 铝合金生产钻杆，这两种合金分别相当于我国的 2A14T6 和 2A12T6[4]；"阿尔考"公司则常选用 AA7075T6 铝合金(相当于我国的 7A09T6)制备钻杆。法国则采用与我国 2A12 合金相当的 A-U4GS 合金制作铝合金钻探管。其他可用于制备石油钻杆的铝合金还有 1070A 和 3A21 以及 6061、6063、5083、5056、6070 和 6351 等[5]。石油钻杆常用铝合金化学成分见表 2.1，石油钻杆用铝合金材料对铝合金纯净度要求高，规定铝合金中各单个杂质元素含量必须小于 0.05%，杂质元素总量必须小于 0.15%。

表 2.1 常用铝合金钻杆化学成分

铝合金牌号	化学成分含量,%(质量分数)									
	Mg	Zn	Cu	Mn	Cr	Ti	Zr	Fe	Si	Ni
D16T	1.40~1.60	<0.20	3.80~4.00	0.70~0.90				≤0.50	≤0.50	
1953T1	2.40~3.00	5.50~6.00	0.40~0.80	0.10~0.30	0.10~0.20	<0.10	<0.10	<0.20	<0.20	
AK4—1T1	1.20~1.80	<0.30	1.90~2.70	<0.20	<0.10	0.02~0.10		0.80~1.40	0.35	0.80~1.40
AA2014	0.20~0.80	<0.25	3.90~5.00	0.40~1.20	<0.10	<0.15		<0.70	0.50~1.20	
AA7075	2.10~2.90	5.10~6.10	1.20~2.00	<0.30	0.18~0.28	<0.20		<0.50	<0.40	

俄罗斯的 D16 及美国的 AA2014 均为 Al—Cu—Mg 系铝合金，其主要合金元素为 Cu、

Mg 和 Mn，其组织为 α(Al)相、θ(Al$_2$Cu)相及 S 相组成的共晶体[6]，由于 θ 相和 S 相均为高硬度相(显微硬度分别为 5488MPa、4400MPa)，故该系合金挤压材经时效后室温抗拉强度最高可达 487MPa，且在 150℃下保温 200h 后抗拉强度仍可达 446MPa[7,8]，可用于制造在 150℃温度下工作的钻杆。俄罗斯的 1953 与美国的 AA7075 均为 Al—Zn—Mg—Cu 系铝合金，其主要合金元素为 Zn、Mg 和 Cu，该系合金成分常处于 α 相+T(AlZnMgCu)相，θ 相+T(AlZnMgCu)相+S 相，α(Al)相+η(MgZn$_2$)相+T(AlZnMgCu)相及 α(Al)相+η(MgZn$_2$)相+S 相+T(AlZnMgCu)相四个相区的交界附近[9]，合金凝固速度及合金成分的变化都会导致其组织的变化。该系合金的主要强化相是 η(MgZn$_2$)相及 T(Al$_2$Mg$_3$Zn$_3$)相，可通过调节 Mg、Zn 含量、Zn/Mg 及添加少量细化晶粒的 Ti 和 Zr 元素，从而控制组织中强化相的含量，提高其强度。时效处理后，该系列合金挤压材室温下的抗拉强度最高可达 538MPa[10]，但随着温度的升高，合金中的主要强化相 η(MgZn$_2$)相的凝聚和溶解会加快，从而导致其强度显著下降。俄罗斯的 AK4-1 为 Al—Cu—Mg—Fe—Ni 系耐热镁合金，该系列合金除含 Al、Cu 和 Mg 元素外还添加含量约 1% 的 Ni 和 Fe 元素及微量的 Ti[11]。该系列合金主要耐热相为 S(CuMgAl$_2$)相和 FeNiAl$_9$ 相，铁和镍加入量不当，会减少合金中主要耐热相 S 相的数量，降低合金的耐热性，故通常采用铁/镍含量为 1:1 的方式加入 0.8%～1.4% 含量的铁和镍，使合金主要位于 α(Al)相+FeNiAl$_9$ 相的两相区，促进铁、镍与铝结合形成难溶的 FeNiAl$_9$ 相而不与铜发生反应，从而保证合金中的铜能充分形成 S 相。

2.1.2 力学性能及物理性能

三种钻杆用铝合金的力学性能及物理性能见表 2.2[12]。

表 2.2 常用铝合金钻杆的力学性能及物理性能[12]

参数		铝合金牌号		
		D16T	1953T1	AK4-1T1
最小屈服强度，MPa		330	490	350
最小抗拉强度，MPa		450	540	410
硬度，HBr		120	120～130	130
延伸率 δ，%		11	7	12
断面收缩率，%		20	15	26
密度，g/cm^3		2.8	2.8	2.8
弹性模量，10^{5}MPa	E	0.72	0.70	0.73
	G	0.26	0.275	0.275
泊松比		0.33	0.31	0.31
热膨胀系数，10^{-6}/℃		22.5	23.8	23.8
最大使用温度，℃		160	110	220

2.2 铝合金钻杆制备工艺

2.2.1 铝合金钻杆结构特点

根据国家标准 GB/T 20659—2017/ISO 15546：2011，铝合金钻杆采用双端加厚结构或双端加厚及中部带加厚保护套的特殊结构(图 2.1)，以满足其端部螺纹加工后的强度要求及耐磨损性能要求。

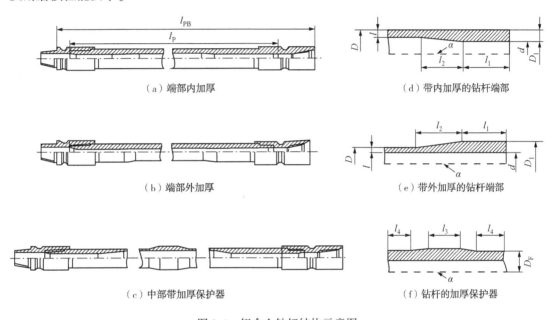

（a）端部内加厚　　　　　　　　　　（d）带内加厚的钻杆端部

（b）端部外加厚　　　　　　　　　　（e）带外加厚的钻杆端部

（c）中部带加厚保护器　　　　　　　（f）钻杆的加厚保护器

图 2.1　铝合金钻杆结构示意图

2.2.2 管体制备

铝合金钻杆生产工艺流程如图 2.2 所示[13]。

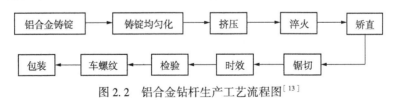

图 2.2　铝合金钻杆生产工艺流程图[13]

铝合金钻杆采用固定垫全润滑(挤压筒、挤压针、挤压垫均润滑)无残料随动挤压完成铝合金管体的一次成形[14]。挤压原料为半连铸法生产的中空的圆柱形铸坯。原始锭坯的尺寸取决于制备的管体的形状和尺寸。挤压之前，需除去原始锭坯内外表面 10~14mm 的表面层，以消除锭坯的表面缺陷。

挤压前需将原始锭坯放在一个特殊的炉子中进行均匀化处理。锭坯被加热到中间相的熔解温度，约 460~490℃，并在此温度下保持 12~16h，以便中间相的合金元素扩散完成。然后，将均匀化的管体冷却到 380~420℃ 以制备内加厚的管体，冷却到 400~420℃ 以制备外加厚的管体[12]。

双端内加厚且带有中间外加厚的铝合金钻杆挤压过程如图 2.3 所示。其具体挤压过程如下：

（1）挤压针的前端（其直径取决于挤压管所在部分的内径）置于冲孔模内，从而挤压出管体的前端。

（2）随着挤压过程的进行，挤压针慢慢向前移动，直到挤压针与挤压模之间的间隙达到最小。这一过程可成形加厚端与管体之间的过渡段。

（3）挤压针在该位置停下，管体的主体部分被挤压，直到中间保护加厚过渡区的起始部分。

（4）挤压针继续向前移动，金属环绕着挤压针的头部（位于模具外）流动。由于管子的外径增加而内径不变，所以管壁变厚。在这个过程中，成形过渡区及保护加厚区。

（5）另一半管体的挤压成形依次重复操作（4）、（3）、（2）、（1）。随着挤压针不断后退。过渡区和主体区成形[图 2.3(d)]，然后是过渡区及第二个加厚端[图 2.3(e)][12]。

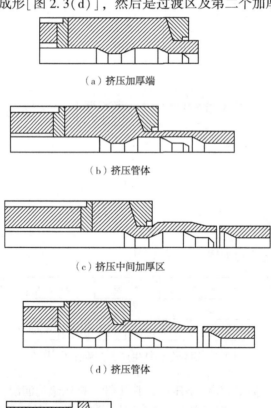

（a）挤压加厚端

（b）挤压管体

（c）挤压中间加厚区

（d）挤压管体

（e）挤压加厚端

图 2.3　双端内加厚及中间外加厚铝合金钻杆挤压过程示意图

挤压外加厚铝合金钻杆的挤压工艺与此相似，但需设计不同形状的挤压针。

铝合金钻杆挤压的关键点包括：提供优质铝合金锭坯，要求用于挤压的铝合金锭坯化学成分、组织结构、力学性能均匀，材料纯净度高；优化设计固定挤压垫，要求固定挤压垫在铝合金管体挤压过程中必须能在加载时产生一定量的弹性变形、凹面张开、直径有一定增量，从而密封住挤压筒内铝合金不倒流，卸载后弹性变形可以消失，外形还原，可方便地退出挤压筒；优化挤压模结构及尺寸，包括挤压模端部锥角、工作带角度及圆弧、模具空刀尺寸；优化挤压针的结构及尺寸，包括挤压针针尖圆弧处的长度和弧度；适宜的挤压润滑剂配比，避免铝合金管体出现气泡等缺陷[14]。

铝合金钻杆挤压成形对挤压设备要求较高。钻杆用铝合金均为难挤压铝合金，挤压指数值为10~20，为满足强度的要求，通常要求挤压机的挤压力要达到5000kN（500tf）以上[15]；外径为73~102mm的管子需在45000kN（4500tf）的机器上挤压，外径为114~170mm的管子需在67500kN（6750tf）的挤压机上挤压；挤压系统精度要求高，要求同心度小于0.5mm，最好达到0.2~0.4mm[4]。

独特的热处理工艺及热处理后的矫直工艺。由于铝合金无磁性，在加热时需保证加热温度高度均匀且淬火温度波动小于±2℃，故不能直接采用钢钻杆的电磁感应淬火生产线进行淬火处理，而必须研发专用的热处理生产线[4]。因此，挤压完成后，需将铝合金钻杆管坯移入卧式淬火炉，在淬火炉中被均匀加热至490℃±2℃，并在此温度下保温70min。每一批次处理20根管子，每3.5min从炉子中移出一根管子到卧式储槽。淬火后，铝合金管坯（1953，AK-4，1980）通常需要在170~200℃下人工时效8~12h。铝合金钻杆在淬火及时效时，由于温差大，易出现翘曲变形，需尽快进行矫直，淬火与矫直的间隔时间应低于12h。同时，由于铝合金表面硬度低，为确保铝合金钻杆具有良好的表面质量，通常采用水平拉伸矫直工艺对翘曲的铝合金钻杆进行矫直，而不能直接沿用钢钻杆的轧辊矫直或静压矫直[4]。水平矫直机的设计轴向拉力通常高达6000kN。矫直后双端内加厚管坯的永久变形为1%~3%，双端外加厚管坯的永久变形为2%~3%。

2.2.3 螺纹加工

铝合金钻杆螺纹加工总体原则与钢钻杆螺纹加工相同，但工艺参数（钻速和喂入量）却完全不同。

铝合金钻杆螺纹加工主要步骤如下：

（1）管子被置于一个中空的管螺纹加工机，管的另一端置于一个基座上。

（2）加工后的管端应进行椭圆度检查。其椭圆度不应超过±0.2mm。

（3）切掉管端。加工螺纹的锥体。

（4）采用一个普通的压力表和一个平板触角来检查螺纹锥体的加工质量，允许的螺纹锥体偏差是+0.3mm/-0.2mm。

（5）用一个特制的具有60°螺纹角的螺纹加工机加工螺纹，其加工道次通常为4~6道次，钻速为255r/min。

（6）最后一道工序采用特殊的加工工艺来加工所需要的螺纹密度，然后用一个拥有1:16锥度的特殊的螺纹梳刀来完成最后的螺纹加工。

（7）用平板规及螺纹规检查螺纹密封。

（8）在螺纹上加装保护套环。

（9）加工另一端的螺纹[12]。

2.2.4　冷装配和热装配

铝合金钻杆具有特殊的接头结构及组装方式。铝合金钻杆分为有钢接头铝合金钻杆和无钢接头铝合金钻杆两种，目前常用的是有钢接头的铝合金钻杆（其结构如图2.4所示），铝合金钻杆管体与钢接头通过冷、热装配实现钻杆与钻杆的连接并形成钻柱[16]，为避免装配时采用夹持装置损坏铝合金管表面及引起应力集中，设计了专门组装钻探管和接头的专用工作台。

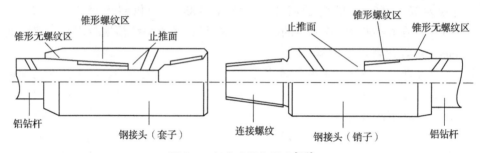

图2.4　铝合金钻杆接头[16]

冷装配工艺是指通过在常温下对铝合金钻杆施加一定的转矩使其与钢接头组装的方法，其工艺如图2.5所示。具有内加厚结构且外径为64～129mm的铝合金钻杆采用冷装配法与钢接头进行组装。冷装配法连接存在如下局限：（1）管螺纹连接疲劳失效抗力低；（2）将接头连接到管体上时，在高扭矩作用下易产生附加的旋转；（3）连接压力可靠性低；（4）在装配过程中，由于扭矩的存在，铝和钢之间易产生冷焊区，局部铝合金与钢易扣紧，当组装过程中出现多处扣紧时，螺纹连接可能被卡住，在使用过程中接头易损坏。

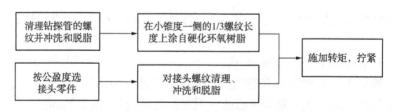

图2.5　铝合金钻杆与钢接头的冷装配工艺

热装配工艺是指在装配前先将钢接头（STJ）加热到一定温度，使其受热膨胀，然后迅速地与铝合金管体装配在一起，通过温差产生的热胀冷缩实现接头与管体的装配。但下列因素限制了现有热装配技术的大量使用：（1）当铝合金钻杆与加热的钢接头连接时，由于铝合金钻杆良好的热传导性及高的热膨胀系数，铝合金钻杆与钢接头接触处温度迅速升高并膨胀。由于接头与铝合金钻杆是通过螺纹连接的，铝合金钻杆的膨胀将会阻止接头轴向的自由安装并使其不可能达到所需要的密封。(2)当温度升高时,管材的特征强度(如屈服强度)下降,从而导致在连接或塑性变形时管材上的环向应力超过其屈服强度。这反过来会阻止螺纹之间的接触应力达到需要的水平。在冷却的时候,由于钢和铝的热膨胀系数不同,铝合金管体在直径方向的收缩会大于钢接头的收缩,从而使铝合金管体与钢接头之间的实际接触应力、接头连接的操作可靠性均很低。(3)随铝合金管端螺纹段温度升高,其特征强度下降。热装配时,铝合金管端螺纹段易过热并导致铝合金应力/应变性能降低。

对铝合金钻杆与钢接头热装配时的热场进行的研究表明,在热装配过程中对连接处进行强制冷却,可完全解决上述热装配时由于温度升高带来的不利影响。因此,在实际热装配时,为避免热压配合时铝合金管材被迅速加热导致铝合金软化,在装配过程中采用喷淋水冷方式对铝合金管体(ADJ)内表面进行强制冷却,使其温度保持在室温。目前,热装配的接头十分可靠,所有的外加厚铝合金钻杆及147~170mm的内加厚铝合金钻杆均可采用热装配技术进行批量生产[14]。

2.2.5 管螺纹密封

装配好的铝合金钻杆在钻进状态时,必须处于压力张紧状态。当铝合金钻杆为具有锥形稳定台肩的TT型梯形管螺纹且采用热装配进行组装时,铝合金钻杆不需要额外的密封。因为TT型螺纹的抗力沿螺纹的外径分布并且热装配方法可确保螺纹及锥形稳定台肩处均产生张紧力,管螺纹连接的压力完整性可得到有效保证。

当铝合金钻杆采用标准的三角螺纹时,螺纹连接会产生两个长的螺旋线通道,一条通道沿着螺纹牙顶切割圆弧,第二条通道则是沿着螺纹的底部。当采用这种螺纹连接方式时,即使装配过程中在两个配合面产生了很高的接触应力,也不能确保在高的钻井液压力及变动载荷下密封面之间不发生泄漏。在钻井操作时,采用高黏度的、耐蚀的化合物对螺旋形通道进行适当的填充,并避免其被腐蚀或被泥浆冲走,则可保证管螺纹连接能够保持压力张紧。

具有适宜尺寸的三角螺纹的铝合金钻杆的应用实践表明,环氧基化合物能够有效地密封管螺纹。装配时,这些环氧基化合物在螺纹连接表面均匀地伸张。固化后,这些环氧基化合物转变为韧性的、抗渗透的、对金属具有高度附着力的物质,可有效抵抗化学腐蚀,在变动载荷下对钻杆起增强作用。固化的环氧化合物与接头、螺纹形成一个整体。

US-1是应用最广泛的密封化合物。US-1的组成为用聚醚和聚硫橡胶塑化后的树脂及可增强密封性能的添加剂(包括石墨、铅和锌/铜粉末)。根据固化温度的不同,树脂的固化速率不同。US-1在5~10℃时完全聚合约需4.5h,在20℃时完全聚合约需2h20min;在30℃时完全聚合约需1h40min,在50℃完全聚合约需30min。

密封前,应对螺纹处进行清洁、清洗并去除油污。将密封化合物从位于螺纹长度方向2/3处的小直径端开始沿管螺纹分布均匀涂覆在螺纹表面,然后将铝合金管和接头通过螺纹连接在一起。在这个过程中,密封化合物均匀分布在螺纹连接的各段。过剩的密封材料从螺纹大端挤进钢接头的锥形孔。规格为73~114mm的铝合金钻杆每一个螺纹连接的密封需要40g密封材料,规格为129~170mm的铝合金钻杆每一个螺纹连接的密封需要约60g密封材料。

2.3 铝合金钻杆制备难点

由前述铝合金钻杆生产工艺可知，由于铝合金钻杆特殊的结构及物理性能、力学性能，其制造工艺与钢钻杆区别很大。

铝合金钻杆绝对强度低、硬度低，为弥补螺纹加工对其端部处强度的削弱及避免摩擦磨损引起的强度降低，铝合金钻杆常设计为两端加厚的变截面管。变截面铝合金管必须采用挤压的方式一次成形，而不能像钢钻杆那样通过对等径管两端镦粗来得到两端的端头加厚部分。合理设计挤压工模具几何参数、制订优化的挤压工艺，满足变截面管的尺寸精度要求、表面质量要求及力学性能要求是铝合金钻杆制备难点之一。

由于铝合金材料无磁性及淬火温度区间窄，故不能直接采用现有钢钻杆电磁感应加热淬火线对其进行热处理，同时，铝合金钻杆长度长（约 10m），极易出现温度不均匀或欠热、过烧等问题，影响淬火后钻杆的性能，因此研发控温精度高、温度场均匀的铝合金管材专用热处理生产线是铝合金钻杆制备难点之二。

铝合金钻杆在淬火时，由于温差大，易出现翘曲变形，故需在淬火后尽快进行矫直。但由于铝合金材料强度低，为避免矫直损伤铝合金钻杆表面质量，对铝合金钻杆也不能采用现有钢钻杆的轧辊矫直、静压矫直装置及工艺。因此，研发适用于铝合金钻杆的拉伸矫直装备及优化其矫直工艺是铝合金钻杆制备难点之三。

针对上述情况，我国开发铝合金钻杆应重点突破和解决以下关键技术，即变截面铝合金管材一次挤压成形工艺、铝合金材料的固溶及时效热处理装备及工艺、铝合金拉伸矫直装备及拉伸矫直工艺。

参 考 文 献

[1] 轻合金加工厂. 中国和外国铝及铝合金加工产品的化学成分与状态[M]. 日本：加工厂，1986.

[2] Garkushin G V, Razorenov S V, Kanel G I. Submicrosecond Strength of the D16T Aluminum Alloy at Room and Elevated Temperatures[J]. Physics of the Solid State, 2008, 50(5)：839-843.

[3] Santus C, Bertini L, Beghini M, et al. Torsional Strength Comparison between Two Assembling Techniques for Aluminium Drill Pipe to Steel Tool Joint Connection[J]. International Journal of Pressure Vessels and Piping, 2009, 86：177-186.

[4] 李建湘，刘静安，杨志兵，等. 铝合金特种管、型材生产技术[M]. 北京：冶金工业出版社，2008.

[5] 邓小民. 铝合金无缝管生产原理与工艺[M]. 北京：冶金工业出版社，2007.

[6] Liu D, Atkinson H V, Kapranos P, et al. Effect of Heat Treatment on Properties of Thixoformed High Performance 2014 and 201 Aluminium Alloys[J]. Materials Science, 2004, 39(1)：99-105.

[7] Orava R N, Otto H E, Mikesell R. Tensile and Fatigue Properties of Explosively and Conventionally formed 2014 Aluminum Alloy[J]. Metallugical Transactions, 1971, 2(6)：1675-1682.

[8] 潘复生，张丁非. 铝合金及应用[M]. 北京：化学工业出版社，2006.

[9] Polmear I J, Couper M J. Design and Development of an Experimental Wrought Aluminum Alloy for Use at Elevated Temperatures[J]. Metallurgical Transactions A, 1998, 19(4)：1027-1035.

[10] Rao R N, Das S, Mondal D P, et al. Dry Sliding Wear Behaviour of Cast High Strength Aluminium Alloy (Al—Zn—Mg) and Hard Particle Composites[J]. Wear, 2009, 267(9-10)：1688-1695.

［11］ 王祝堂，田荣璋．铝合金及其加工手册［M］．长沙：中南大学出版社，2000．

［12］ William Mr，Gwilliam J. Implement Russian Aluminum Drill Pipe and Retractable Drilling Bits into the USA. Maurer Engineering Inc. 2916 West T. C. Jester Houston，Texas，77018.

［13］ 薛文林．俄罗斯铝合金钻探管的开发［J］．轻合金加工技术，1995，23（3）：18-20．

［14］ 曹宇．铝合金钻杆变断面管体挤压成型及螺纹优化［D］．吉林：吉林大学，2013．

［15］ 刘静安，邵莲芬．铝合金挤压工磨具典型图册［M］．北京：化学工业出版社，2007．

［16］ Santus C，Bertini L，Beghini M，et al. Torsional Strength Comparision between Two Assembling Techniques for Aluminium Drill Pipe to Steel Joint Connection［J］．Pressure Vessels and Piping，2009，86（2-3）：177-186．

3　铝基复合材料制备

基于 SiC 增强铝基复合材料可显著提高铝合金强度、硬度的特点，采用 SiC 增强的铝基复合材料制备石油钻杆有望解决原铝合金钻杆耐磨性差的问题。本章系统地介绍了 SiC 增强铝基复合材料的制备工艺，包括增强相预处理工艺、熔炼工艺、挤压工艺，着重解决了现有制备工艺中 SiC 与铝合金基体润湿性差且在铝合金基体中分散不均匀的问题，并对各制备阶段材料的微观结构进行了分析。

3.1　SiC 颗粒改性

颗粒增强铝基复合材料制备时，有效提高增强颗粒与铝合金基体间的润湿性从而提高增强相与基体合金的界面结合强度是制备高性能颗粒增强铝基复合材料的关键技术之一。由于 SiC 颗粒与 Al 的接触角大于 90°（表 3.1）[1-3]，即 SiC 与 Al 之间润湿性很差，加上微米级的 SiC 颗粒具有自发团聚的倾向，从而造成 SiC 颗粒与基体之间结合困难。为改善二者之间的润湿性，通常可采用减小熔融金属表面张力或增加 SiC 颗粒表面能两种方法。

表 3.1　Al—SiC 不同条件下的接触角[1-3]

研究者	温度, K	真空度/气氛	时间	接触角,（°）
Nogi 等	1474	氩气	6900s	56
Bao 等	1373	10^{-3}Pa	125min	56
Ferro 等	1273~1373	1×10^{-3}~4×10^{-3}Pa	2h	56
Bao 等	1273	10^{-3}Pa	150min	60
Warren	1173	2.7×10^{-4}Pa	—	150

3.1.1　SiC 颗粒的氧化改性

SiC 颗粒高温氧化预处理是一种工艺简单、成本低且效率高的改性方法。室温下 SiC 的氧化非常缓慢[4]，但在 973K 以上温度时，SiC 能够很快与空气反应生成 SiO_2 层，SiC 颗粒继续氧化受氧分子在表面生成的 SiO_2 层的扩散控制[5]。研究表明[6-8]，将 SiC 颗粒在 350~400℃保温 2h 后，再升温到 800~1100℃保温 5h，将会在 SiC 颗粒的表层形成 SiO_2 的氧化层，从而改变颗粒与基体的润湿性。SiC 颗粒的氧化层并不是均匀生长的，而是在一些氧化活性点择优生长，择优生长随着温度的升高而呈现减弱趋势[5]。因此，为了在 SiC

颗粒表面得到一层致密且均匀的 SiO_2 层，需要采用较高的氧化温度，且在保温的过程中，需要控制预处理气氛，即保持一定的氧浓度，使 SiC 颗粒与氧气能够充分地接触，从而使 SiC 颗粒表层能够充分的发生氧化反应生成 SiO_2，提高 SiC 颗粒表面的活性，降低 SiC 颗粒表面的张力，显著地改变 SiC 颗粒与铝液的润湿性。

3.1.1.1 SiC 颗粒氧化改性工艺

SiC 的氧化改性工艺由清洗、氧化、后处理三个环节组成。

（1）清洗 SiC。

采用浓度为 5% 的稀盐酸，对 SiC 颗粒进行清洗，以除去其表面污染物（石英砂、有机物等）。用滤纸将清洗后的 SiC 颗粒从稀盐酸中过滤出来，然后再放入烘箱在 90℃ 下烘 12h 以除去 SiC 颗粒的水分。

（2）氧化 SiC 颗粒。

将烘干后的 SiC 颗粒均匀地铺放在刚玉坩埚表面[铺放时，SiC 颗粒层厚度应该小于 10mm，如图 3.1(a)]，再放入高温箱式电阻炉[图 3.1(b)]进行氧化。氧化时，先将电阻炉温度缓慢升至 400℃ 保温 2h，以进一步除去 SiC 颗粒表面吸附的杂质；再将电阻炉温度升至 1200℃ 保温 8h，以获得厚且致密的氧化膜层；最后将电阻炉关闭，使 SiC 颗粒随炉冷却。

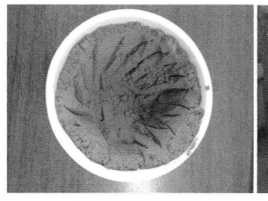

（a）刚玉坩埚中SiC颗粒盛装方式　　　　　　　（b）高温箱式电阻炉

图 3.1　SiC 颗粒高温氧化处理过程及所使用实验设备

（3）SiC 颗粒氧化后处理。

将随炉冷却的 SiC 颗粒取出，放入研钵中研磨至使氧化时部分结块的 SiC 颗粒分散，研磨后的 SiC 颗粒密封保存。

3.1.1.2 氧化改性对 SiC/Al 浸润性的影响

图 3.2 为 SiC 颗粒氧化处理前后 SEM 微观形貌图。氧化改性前，大部分 SiC 颗粒表面有许多细小颗粒，且具有明显的不规则、粗糙表面。氧化改性后的 SiC 颗粒表面平整光滑，改性前 SiC 颗粒表面的凹凸不平现象基本消失。

图 3.3 为使用激光粒度仪测得的高温氧化前、后 SiC 颗粒粒径变化图。氧化改性前 SiC 颗粒粒径分布范围为 5~50μm，且大部分 SiC 颗粒粒径集中在 10~20μm 区间；氧化改

（a）氧化改性前的SiC颗粒表面形貌　　　　　　　　（b）氧化改性后SiC颗粒表面形貌

图 3.2　SiC 颗粒氧化处理前后 SEM 微观形貌

性后 SiC 颗粒粒径为 $10\sim20\mu m$ 的占比明显降低，粒径为 $30\sim50\mu m$ 的 SiC 颗粒占比明显增多。氧化前后 SiC 颗粒的平均粒径分别为 $12.862\mu m$ 和 $13.992\mu m$，即氧化后 SiC 平均粒径增加了约 $1\mu m$。

图 3.4 为高温氧化前后 SiC 颗粒的 X 射线衍射分析结果。氧化处理前 SiC 颗粒的物相为 SiC，高温氧化处理后 SiC 颗粒的物相为 SiO_2 及 SiC，说明高温氧化处理后 SiC 粒径增加是因为在 SiC 表面生成了一层 SiO_2，其反应机理为：

$$2\,SiC+3O_2 =\!=\!=\!= 2SiO_2+2CO \tag{3.1}$$

$$SiC+2O_2 =\!=\!=\!= SiO_2+CO_2 \tag{3.2}$$

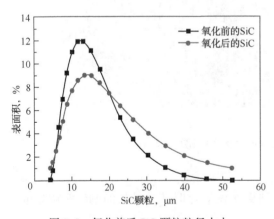

图 3.3　氧化前后 SiC 颗粒粒径大小

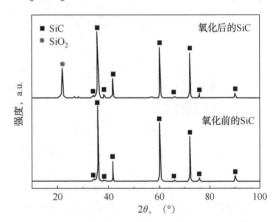

图 3.4　氧化前后 SiC 颗粒的 XRD 结果

大量研究表明[9]，高温氧化处理后 SiC 颗粒表面生成的均匀、致密且较厚的 SiO_2 膜层与铝熔体之间存在良好的润湿能力。Tekmen 等[10]测试出在 $1000℃$ 下氧化 2h 的 SiC 颗粒与 Al—Si—Mg 合金熔体的接触角为 $103°$，比氧化前的接触角减小了 $47°$。A. Ahmed 等人[11]认为高温氧化在 SiC 颗粒表面生成的 SiO_2 保护膜主要由无定形氧化硅组成，并含有少量的 α-方晶石。当铝液与 SiO_2 膜层接触时会发生剧烈的化学反应[式(3.4)]，大大增加了 SiC 颗粒表面能，从而显著改善 SiC 颗粒与铝熔体的润湿性。

$$4Al+3SiO_2 === 2Al_2O_3+3Si \qquad (3.3)$$

图 3.5 为 SiC 增强铝基复合材料熔炼后的坩埚表面形貌及铸锭金相图。由图 3.5(a)、(c)可见，将未经氧化处理的 SiC 颗粒加入铝合金熔体时，由于 SiC/Al 润湿性差，大量的 SiC 颗粒难以进入铝合金熔体，故浇注后在坩埚内表面残存着大量黏附的 SiC 颗粒；将经高温氧化处理的 SiC 颗粒加入铝合金熔体时，由于 SiC 颗粒表面生成的 SiO_2 改善了 SiC 颗粒与铝合金熔体的润湿性，故 SiC 颗粒极易进入熔体，浇注后的坩埚表面光洁，未发现 SiC 颗粒黏附。图 3.5(b)、图 3.5(d)进一步表明，未经氧化处理的 SiC 颗粒与铝熔体润湿性差，其铸锭金相图中几乎没有 SiC 颗粒；而加入经氧化处理的 SiC 颗粒的铸锭金相图中可清楚地看到黑色的 SiC 颗粒，进一步证实了高温氧化处理可改善 SiC 颗粒与 Al—Cu—Mg 合金的润湿性。

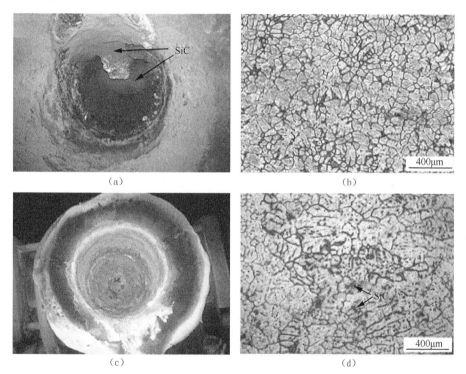

图 3.5 SiC 增强铝基复合材料熔炼后的坩埚表面形貌及铸锭金相
(a)、(b)加入的 SiC 颗粒未氧化处理；(c)、(d)加入经高温氧化后的 SiC 颗粒

综上所述，对 SiC 颗粒进行 1200℃保温 8h 的高温氧化预处理能在 SiC 颗粒表面得到厚度约为 1μm 的 SiO_2 膜层，可有效提高 SiC 颗粒与熔融 Al 的润湿性，使 SiC 颗粒易于加入铝合金熔体，可精确控制 SiC 颗粒在 Al—Cu—Mg 合金中的含量。

3.1.2 镀镍改性

化学镀涂覆包覆层(镀 Ni、Cu)是改善 SiC 颗粒与基体的润湿性的另一常用方法。目前，金属、塑料化学镀技术比较成熟，但陶瓷、玻璃等由于不导电且表面不具备自催化活性，故成熟的施镀工艺不多。Tekmen C[10]、Dikici 等[12] 经过大量的实验研究，总结出的离子钯活化法可在 SiC 颗粒表面成功制备 Ni 包覆层。镀镍后 SiC 颗粒与熔融铝之间的接触角（表 3.2）[10] 较镀镍前减小了 120°~148°，极大地改善了 SiC 颗粒与 Al 基体之间的润湿性。

表 3.2　镀镍 SiC 颗粒与 Al—Si—Mg 合金之间接触角

名称	接触角 θ, (°)	真空度, mbar	温度, ℃
化学镀镍 SiC	<30	3×10^{-5}	700
	<5		850
	<2		1000

3.1.2.1　镀镍改性工艺

离子钯活化法制备 Ni 包覆的 SiC 颗粒的工艺流程如图 3.6 所示。

图 3.6　化学镀镍工艺流程图

首先，按照氧化改性时碳化硅的清洗方法对碳化硅进行清洗。

敏化时，将 SiC 放入配置好的敏化液中（其配比见表 3.3），搅拌 15min，最后过滤清洗。敏化时，将发生式（3.4）所示的反应，使 SiC 表面吸附一层 Sn^{2+}：

$$SnCl_2+H_2O \longrightarrow SnOHCl+HCl \tag{3.4}$$

活化时，将敏化后的 SiC 放入配置好的活化液中（其配比见表 3.3），搅拌 15min，然后过滤清洗。活化时将发生式（3.5）所示的反应，使敏化过程吸附在 SiC 颗粒上的 Sn^{2+} 被还原为单质的 Pd，从而为化学镀提供催化结晶中心。

$$SnOHCl+Pd^{2+}+H^+ \longrightarrow Sn^{4+}+Pd+H_2O+Cl^- \tag{3.5}$$

化学镀镍的机理是镀液中的 Ni^{2+} 以 Pd（催化剂）单质为活化中心，发生式（3.6）所示的反应从而被还原为 Ni 单质。将装有镀液（其配比见表 3.3）的容器放入水浴锅中，设置水浴锅的目标温度为 80~90℃。待水浴锅温度达到设定值时，边搅拌边加入活化后的 SiC 颗粒。整个施镀过程持续约 1h，且需持续不断地搅拌，同时，通过加入氨水的方式控制镀液 pH 值在 8~9 范围内。镀镍完成后，过滤并清洗，得到被镍层包覆的 SiC 颗粒并放入烘箱中烘干。

$$Ni^{2+}+H_2PO_2^-+H_2O \longrightarrow Ni+H_2PO_3^-+2H^+ \tag{3.6}$$

表 3.3　化学镀镍所使用溶液配方

溶液名称	所需药品
敏化液	10g/L $SnCl_2$，30mL/L HCl
活化液	0.25g/L $PdCl_2$，3mL/L HCl
化学镀镍液	45g/L $NiCl_2$，8g/L $NaH_2PO_2 \cdot H_2O$，100g/L $Na_3C_6H_5O_7$，50g/L NH_4Cl

3.1.2.2　镀镍改性对浸润性的影响

图 3.7 为化学镀镍前后 SiC 颗粒的表面形貌图。化学镀镍前，SiC 颗粒表面总体较为粗糙，具有不规则的表面形貌[图 3.7(a)]；化学镀镍后，SiC 颗粒被团絮状的致密物质均匀包覆，且颗粒表面光滑[图 3.7(b)]。图 3.8 为镀镍后碳化硅表面微区能谱图，图 3.9 为镀镍后 SiC 的 XRD 衍射图谱。结合图 3.7(b)、图 3.8 及图 3.9 可知，经化学镀镍后，碳化硅表面生成了一层包覆完整的金属镍。

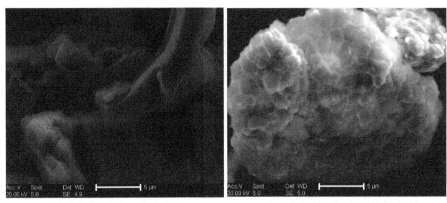

（a）化学镀镍前的SiC表面形貌　　　　　（b）化学镀镍后SiC颗粒的表面形貌

图 3.7　SiC 颗粒化学镀镍前后形貌

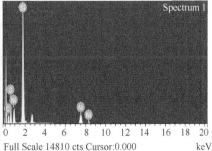

元素	质量分数，%	原子比，%
CK	21.73	46.46
OK	17.08	27.42
SiK	23.02	21.05
NiK	11.59	5.07
总计	73.42	

Spectrum 1

Full Scale 14810 cts Cursor:0.000　　　　　　keV

图 3.8　SiC 颗粒化学镀镍后 EDS 分析

图 3.10 为激光粒度仪测得的化学镀镍前后 SiC 颗粒粒径。镀镍处理前 SiC 的平均粒径为 11.694μm（因取样原因，此处的平均粒径与之前氧化处理使用的 SiC 颗粒的粒径略有不同），粒径分布范围为 5~50μm，主要范围为 10~20μm；化学镀 Ni 后的 SiC 平均粒径为 12.195μm，主要粒径分布范围为 20~40μm。化学镀镍后 SiC 颗粒平均粒径增加了约 0.5μm。

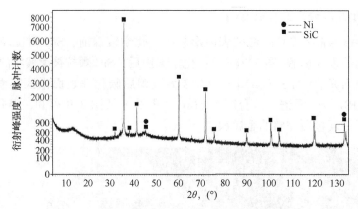

图 3.9 镀镍后 SiC 的 XRD 衍射图谱

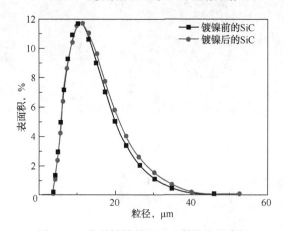

图 3.10 化学镀镍前后 SiC 颗粒粒径分析

3.2 熔炼

3.2.1 熔炼工艺

铝合金在熔炼中易产生氧化、吸气、偏析、夹渣和晶粒粗大等缺陷。SiC 增强铝基复合材料在熔炼时需重点关注 SiC 颗粒与铝熔体的润湿性及 SiC 颗粒分布的均匀性。

（1）铝合金原料的前处理。需使用砂纸将铝合金原料表面打磨光，除去表面的氧化物等杂质，用丙酮和酒精清洗表面后干燥备用。

（2）SiC 颗粒处理。将预处理后的 SiC 颗粒放入箱式电阻炉中，将温度升高到 250℃保温 2h，以去除 SiC 颗粒的水分及气体，提高 SiC 颗粒与熔体之间的润湿能力。

（3）涂料的配制。采用模铸法制备铝基复合材料铸锭时，为使浇铸出的铸锭与模具更好地分离，改善复合材料铸锭表面质量及利于浇注过程中的补缩，需在模具表面涂一层涂料。涂料的成分及配比见表 3.4(配好的涂料放置时间一般不能超过 8h)。一般模具内表面刷涂料时，应做到上厚下薄。

表 3.4　涂料成分及配比

成分	氧化锌(ZnO)	水玻璃(Na₂SiO₃·9H₂O)	水(H₂O)
含量,%(质量分数)	25	3	72

（4）配料。在制备 SiC 颗粒质量分数为 6.5% 的铝基复合材料时，按所需制成的复合材料总质量与加入的氧化处理后的 SiC 颗粒、AZ31 镁合金的比例计算出所需的 SiC 颗粒、AZ31 镁合金的质量，然后将称量好的 SiC 颗粒分散放在基体合金中。

（5）钢模具预热及真空中频感应熔炼炉准备。将如图 3.11 所示的钢模具清理干净后，放入电子控温电炉，升温至 250℃ 左右，保温 10min，取出模具，将事先配制好的涂料均匀地刷涂在模具内表面，再将模具放入电子控温电炉，在 200℃ 下保温。将清理干净的石墨坩埚升温至 250~300℃ 进行预热。预热完成后，将准备好的原料放入坩埚中，再将预热好的模具组装后放入真空中频感应熔炼炉(图 3.12)中，合严熔炼炉盖子。

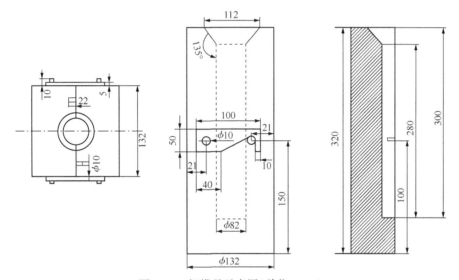

图 3.11　钢模具示意图(单位：mm)

（a）真空中频感应熔炼炉

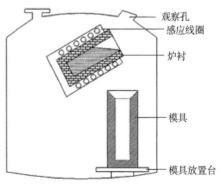

（b）熔炼炉内部示意图

图 3.12　真空中频感应熔炼炉及其内部示意图

（6）熔炼工艺参数。熔炼时炉内真空度保持在约 $3.6×10^{-3}Pa$。升温时，先将功率升至 10kW 保温 5min，再在 0.6kW/min 的速率下升至 25kW，保持 15min，然后进行浇注。浇注时，需要先摇晃手柄对坩埚进行振荡，在浇注开始的瞬间需要缓慢进行，防止金属液溢出钢模具和严重冲击型腔，紧接着加快浇注速度，中途做到平稳而不中断液流，直至所有金属熔液浇注进模具中。浇注完成后，模具需要随炉冷却 8h 左右，然后脱模取出铝锭。

3.2.2　铸锭微观组织

采用 DEM300M 型金相显微镜观察铸锭的微观结构，其中金相试样浸蚀剂为 Keller's Reagent（凯勒试剂）；利用 ZEISS 型扫描电镜及 X-Max^{N}X 型能谱仪测试微区的化学成分；运用 DX-1000 型 X 射线衍射仪分析了铸态 Al—Cu—Mg 基体合金和 6.5%SiC 颗粒增强 Al—Cu—Mg 基复合材料的物相组成。

图 3.13 为 Al—Cu—Mg 铝合金的铸态组织及 SiC 颗粒含量（质量分数）分别为 2.5%，4.5%和 6.5%的颗粒增强 Al—Cu—Mg 复合材料的铸态组织。由 Al—Cu—Mg 合金铸态金相图[图 3.13（a）]可见，晶界清晰且平直，晶粒尺寸约为 50~200μm。SiC 颗粒含量（质量分数）分别为 2.5%，4.5%和 6.5%的 Al—Cu—Mg 基复合材料的铸态金相图中[图 3.13（b）、（c）、（d）]，SiC 分布在基体晶粒内或晶界上，其分布较为均匀，但仍有少量碳化硅团聚现象存在。其晶界清晰，但略微弯曲。

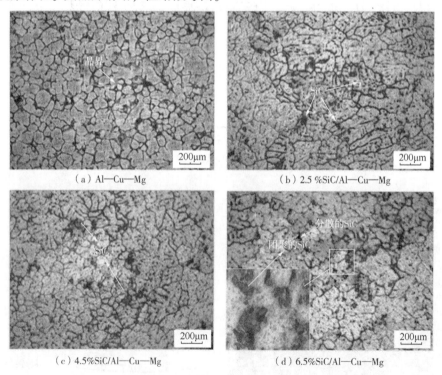

图 3.13　铸态基体合金和 SiCp/Al—Cu—Mg 复合材料的金相

图 3.14 为铸态 Al—Cu—Mg 合金及铸态 6.5%SiC 增强的铝基复合材料的 XRD 衍射图

谱。与基体 Al—Cu—Mg 合金相比，铸态 6.5%SiC/Al—Cu—Mg 复合材料新增了 SiC 相。

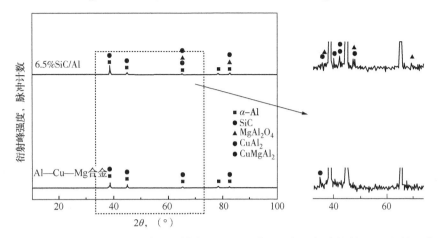

图 3.14　铸态 Al—Cu—Mg 合金及铸态 6.5%SiC 增强的铝基复合材料 XRD 衍射图谱

3.3　均匀化

3.3.1　均匀化工艺

均匀化处理可消除铸锭凝固时的非平衡结晶，使偏析和富集在晶界和枝晶间的可溶解金属间化合物发生溶解，使铸棒成分和组织均匀，并且消除铸态合金中的粗大相，为合金的热挤压成形做准备。

利用线切割机切割去除距铸锭上下表面各 10mm 厚的表层，再沿铸锭圆周方向切割去掉约 5mm 厚的表皮，以有效去除铸锭表层的氧化层和夹杂层。去除表层氧化皮后的铸锭如图 3.15 所示。将扒去氧化皮后的铸锭放入型号为 SX-10-12 的箱式电阻炉中升温至465℃，保温 24h 后水淬冷却。

图 3.15　切割去除表层氧化皮后的 2.5%SiC/Al—Cu—Mg 复合材料铸锭

3.3.2 均匀化态组织

图 3.16 为 Al—Cu—Mg 铝合金及 SiC 含量(质量分数)分别为 2.5%，4.5% 和 6.5% 的 Al—Cu—Mg 基复合材料均匀化后的微观组织。由图 3.16 可见，均匀化处理后 Al—Cu—Mg 合金及其复合材料晶界不再连续，且晶粒球化；均匀化后的基体合金及 SiC/Al—Cu—Mg 复合材料的组织中未出现复熔共晶球和晶间复熔物，晶界也未粗化，即没有出现过烧现象。

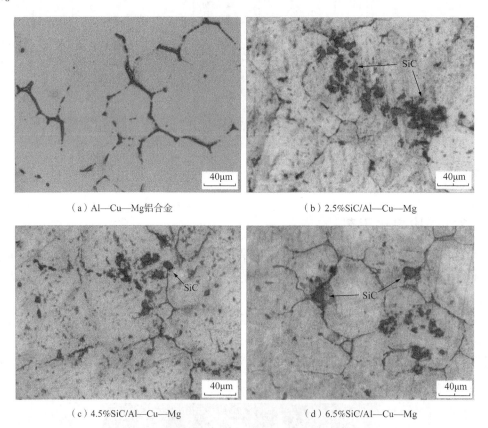

（a）Al—Cu—Mg 铝合金　　　　　　　（b）2.5%SiC/Al—Cu—Mg

（c）4.5%SiC/Al—Cu—Mg　　　　　　　（d）6.5%SiC/Al—Cu—Mg

图 3.16　Al—Cu—Mg 铝合金及其复合材料均匀化处理后的微观组织

图 3.17 为 Al—Cu—Mg 铝合金及 6.5%SiC 颗粒增强铝基复合材料均匀化后的 XRD 衍射图谱。与铸态 Al—Cu—Mg 合金及 6.5%SiC/Al—Cu—Mg 复合材料相比，这两种材料均匀化态均没有发现 S(CuMgAl$_2$) 相。

图 3.18 为 6.5%SiC/Al—Cu—Mg 复合材料铸态、均匀化态的差示扫描量热法(DSC)测试结果。图中铸态材料在 516.55 ℃ 出现了吸热峰，而 S(CuMgAl$_2$) 相的熔点为 516 ℃，可见在铸态 6.5%SiC/Al—Cu—Mg 中有 S(CuMgAl$_2$) 相存在，该相为脆性相，会恶化该材料的挤压性能。均匀化处理后的 6.5%SiC/Al—Cu—Mg 复合材料后吸热峰值有所降低，表明经均匀化处理部分 S(CuMgAl$_2$) 相成功固溶到基体中。

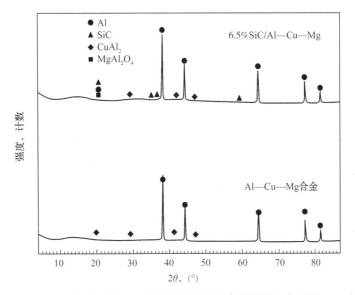

图 3.17　Al—Cu—Mg 铝合金及 SiC 颗粒增强铝基复合材料均匀化后的 XRD 衍射图谱

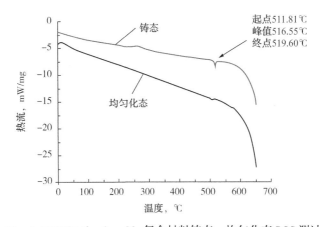

图 3.18　6.5%SiC/Al—Cu—Mg 复合材料铸态、均匀化态 DSC 测试结果

综上所述,实验采用的 465℃ 保温 24 小时再水淬的均匀化处理过程,使得 Al—Cu—Mg 及 SiCp/Al—Cu—Mg 复合材料组织中的粗大非平衡共晶相 α(Al) + S(MgCuAl2) + θ(CuAl2) 大量固溶,消除了枝晶偏析,也消除了内应力,有利于随后的热挤压工艺。

3.4　挤压

3.4.1　挤压工艺

将均匀化处理后的铸锭放入预热炉[图 3.19(a)]中加热到 400℃ 并保温 2h,以使铸锭内外温度均匀。将预热后的铸锭用型号为 LXJ-300T 的卧式铝型材挤压机[图 3.19(b)]进行挤压,挤压时挤压比为 30,挤压温度为 450℃,挤压速度为 3.5mm/s。挤压出的基体合金和 SiC/Al—Cu—Mg 复合材料板材在常温下冷却。挤压板材截面尺寸为 20mm(宽)×10mm(厚)，表面光滑无裂纹，如图 3.20 所示。

（a）预热炉　　　　　　　　　　　　　（b）卧式铝型材挤压机

图 3.19　热挤压成套设备

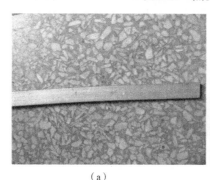
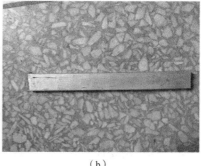

（a）　　　　　　　　　　　　　（b）

图 3.20　热挤压成形的 Al—Cu—Mg 基体合金(a)和 6.5%SiC/Al—Cu—Mg 复合材料(b)

3.4.2　挤压态组织

3.4.2.1　Al—Cu—Mg 铝合金的微观结构

图 3.21 为挤压态 Al—Cu—Mg 铝合金的微观结构的扫描电镜照片。可见，Al—Cu—Mg 铝合金中弥散分布着许多尺寸非常细小的白色第二相及少许尺寸较大的白色析出相，除此之外，还存在着个别灰色的块状析出相，这些析出第二相在基体中分布比较均匀，无团聚现象出现。图 3.22 为图 3.21 所选区域局部放大图及 Al—Cu—Mg 铝合金中析出的 A、B、C 三类第二相的能谱分析结果，从图 3.22 中可知，尺寸较大的白色颗粒状第二相 A 为 θ(CuAl$_2$)相，弥散分布且尺寸非常细小的白色颗粒状第二相 B 为 S(Al$_2$CuMg)相，极少数尺寸较大的灰色块状颗粒 C 为 T(AlZnMgCu)相。图 3.23 为 XRD 物相分析结果。该结果进一步验证了挤压态 Al—Cu—Mg 铝合金中 θ(CuAl$_2$)相、S(Al$_2$CuMg)相的存在，但 T(AlZn-MgCu)相可能因为含量太少而没有检测到。由此可见，挤压态 Al—Cu—Mg 铝合金中的第二相主要为 θ(CuAl$_2$)相、S(Al$_2$CuMg)相和 T(AlZnMgCu)相。

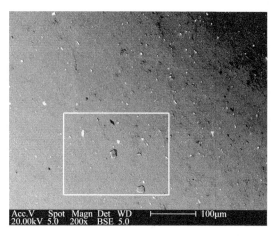

图 3.21　Al—Cu—Mg 铝合金的扫描电镜照片

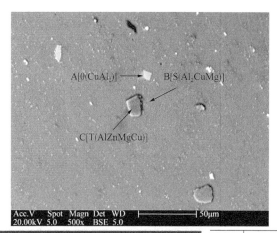

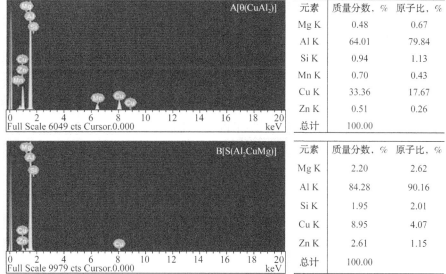

元素	质量分数，%	原子比，%
Mg K	0.48	0.67
Al K	64.01	79.84
Si K	0.94	1.13
Mn K	0.70	0.43
Cu K	33.36	17.67
Zn K	0.51	0.26
总计	100.00	

元素	质量分数，%	原子比，%
Mg K	2.20	2.62
Al K	84.28	90.16
Si K	1.95	2.01
Cu K	8.95	4.07
Zn K	2.61	1.15
总计	100.00	

图 3.22　Al—Cu—Mg 铝合金局部区域能谱分析图

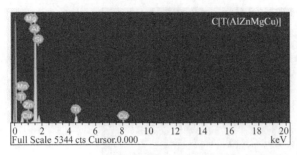

元素	质量分数，%	原子比，%
Mg K	1.09	1.28
Al K	81.41	85.22
Si K	9.93	10.02
Mn K	0.56	0.29
Fe K	0.4	0.20
Cu K	3.5	1.56
Zn K	3.29	1.43
总计	100.00	

图 3.22　Al—Cu—Mg 铝合金局部区域能谱分析图(续)

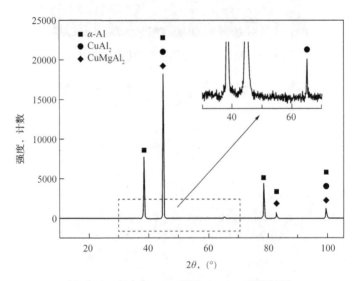

图 3.23　Al—Cu—Mg 铝合金 XRD 分析结果

3.4.2.2　SiC/Al—Cu—Mg 复合材料的微观结构

图 3.24 为 6.5%SiC/Al—Cu—Mg 复合材料挤压态的微观形貌。可见，6.5%SiC/Al—Cu—Mg 复合材料中弥散着许多黑色颗粒状物体和少量弥散分布的细小白色析出相，其中黑色颗粒物整体分布比较均匀，但局部有团聚现象。图 3.25 为图 3.24 中所选区域的局部放大图和 A、B 微区的能谱分析结果，图中黑色颗粒状物体 A 为 SiC 颗粒，白色的析出相 B 为 θ(CuAl₂) 相。图 3.26 中 XRD 分析结果进一步验证了 6.5%SiC/Al—Cu—Mg 复合材料中 SiC 颗粒、θ(CuAl₂) 相的存在。因此，6.5%SiC/Al—Cu—Mg 复合材料中第二相主要为 θ(CuAl₂) 相。

3.4.2.3　SiC 颗粒的加入对 Al—Cu—Mg 铝合金微观结构的影响作用

图 3.27 为 Al—Cu—Mg 铝合金和加入 6.5%SiC 颗粒后制备成的 SiC/Al—Cu—Mg 复合材料的微观形貌对比图，从图中可以看出，6.5%SiC/Al—Cu—Mg 复合材料中存在的第二相为白色的 θ(CuAl₂) 相，尺寸很小且分布均匀；Al—Cu—Mg 铝合金中分布的第二相为弥散分布的细小白色 S(Al₂CuMg) 相和尺寸较大的白色 θ(CuAl₂) 相，除此之外还存在极个别的灰色块状 T(AlZnMgCu) 相的存在。从两种材料的对比来看，6.5%SiC/Al—Cu—Mg 复合

材料中的第二相明显较少，仅存在 θ（CuAl₂）相，且其尺寸较 Al—Cu—Mg 铝合金中的 θ（CuAl₂）相要小很多，而且在 SiC/Al—Cu—Mg 复合材料中没有 S（Al₂CuMg）相和 T（AlZnMgCu）相的存在，说明在 SiC/Al—Cu—Mg 复合材料中第二相固溶效果更好，或者是析出的第二相尺寸数量很少且其尺寸相当小不易被观察到。

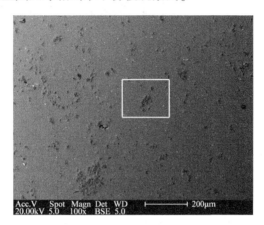

图 3.24　SiC/Al—Cu—Mg 复合材料的扫描电镜照片

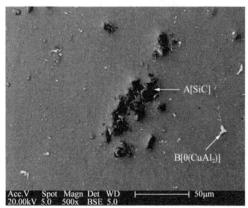

元素	质量分数, %	原子比, %
C K	16.94	29.43
O K	15.29	19.94
Al K	9.88	7.64
Si K	57.89	43.00
总计	100.00	

元素	质量分数, %	原子比, %
Mg K	0.68	0.92
Al K	68.39	82.25
Si K	1.34	1.55
Mn K	1.87	1.10
Cu K	27.72	14.17
总计	100.00	

图 3.25　SiC/Al—Cu—Mg 复合材料局部区域能谱分析图

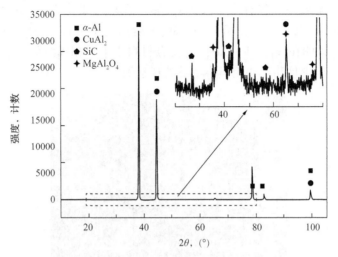

图 3.26　SiCp/Al—Cu—Mg 复合材料 XRD 分析结果

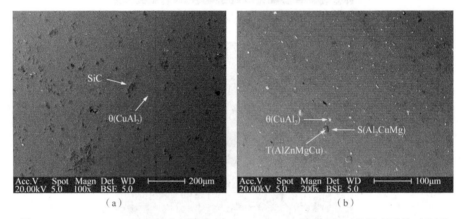

图 3.27　SiC/Al—Cu—Mg 复合材料(a)和 Al—Cu—Mg 铝合金(b)的微观形貌对比图

　　S(Al$_2$CuMg)相是 Al—Cu—Mg 合金中最常见的第二相，由 Al，Cu 和 Mg 三种元素构成，研究[13-15]表明，Al—Cu—Mg 合金中 Mg 元素的含量对析出相的种类和体积分数起决定作用，当 Mg 含量较低时，主要析出相为 θ(CuAl$_2$)相；Mg 含量较高时，析出相主要为 S(Al$_2$CuMg)相。本实验复合材料中所采用的 SiC 颗粒经高温氧化后表面形成的 SiO$_2$ 和 Al、Mg 会发生如式(3.7)、式(3.8)和式(3.9)的反应生成 MgAl$_2$O$_4$。图 3.26 所示的 XRD 分析结果也证实了 SiC/Al—Cu—Mg 中 MgAl$_2$O$_4$ 的存在。MgAl$_2$O$_4$ 的生成消耗了基体中的部分 Mg 元素，提高了复合材料中 Cu/Mg 比值，这样使含 Mg 的 S(Al$_2$CuMg)相和 T(AlZnMgCu)相的析出更加困难，导致最后析出的强化相主要为 θ(CuAl$_2$)相。另外，有大量研究证明铝合金中的 Si 对第二相的析出有重要的影响作用。Mitlin 等[14]研究发现，铝合金中的 Si 会催化 θ(CuAl$_2$)相在 Si 相处异质形核，从而导致合金中的 θ(CuAl$_2$)相数量增加、尺寸减小、长大速率减慢。肖代红等[16]的研究也发现，Al—Cu—Mg 合金中添加适量的 Si 会使析出相 θ(CuAl$_2$)相变得更加细小弥散；Barlow 等[17]认为，在 Al—Cu—Mg 合金中添加 Si 可以显著降低合金固溶处理时形成的螺位错数量和尺寸，而且由于 Si 具有较高的空位结合能，可以使淬火空位得到限制，形成溶质—空位复合体，所以使合金中空位和位错等缺陷密度减小，导致 S（Al₂CuMg）相的形核大大推迟；王诗勇等[18]研究发现，合金中微量的 Si 会促使早期形成的 GPB 区更加细化和弥散并提高其稳定性，使最后组织中的 S 相具有细化和弥散的特点。本实验所用的 SiC 颗粒经高温氧化在表面形成的 SiO₂ 和 Al 会发生如式（3.7）的反应生成 Si，这些生成的 Si 在一定程度上起到上述的三种作用，使 S（Al₂CuMg）相形核推迟并使其更加细化和弥散，最后形成的 θ（CuAl₂）相更加细小，分布更加弥散。最后，有研究表明，形变会使第二相周围位错密度升高，造成应力集中，进而导致第二相内部位错滑移而使第二相分解，所以最终得到的复合材料的组织中存在 θ（CuAl₂）相更加细小。因此，本实验所用的复合材料中主要的第二相为细小弥散的 θ（CuAl₂）相。

$$3SiO_2 + 4Al \Longrightarrow 2Al_2O_3 + 3Si \qquad (3.7)$$

$$3Mg + Al_2O_3 \Longrightarrow 3MgO + 2Al \qquad (3.8)$$

$$MgO + Al_2O_3 \Longrightarrow MgAl_2O_4 \qquad (3.9)$$

综上所述，Al—Cu—Mg 铝合金中分布的第二相主要为 θ（CuAl₂）相、S（Al₂CuMg）相和 T（AlZnMgCu）相，SiC/Al—Cu—Mg 复合材料中的第二相主要为 θ（CuAl₂）相，且其尺寸要更加细小，这是因为加入的 SiC 颗粒起到了抑制含 Mg 的 S（Al₂CuMg）相和 T（AlZnMgCu）相的析出和使 θ（CuAl₂）相细化的作用。

参 考 文 献

[1] Nogi K, Ogino K. Wettability of SiC by Liquid Pure Metals[J]. Journal of the Japan Institute of Metals, 1988, 29(9): 742-747.

[2] Ferro A C, Derby B. Wetting Behaviour in the Al-Si/SiC System: Interface Reactions and Solubility Effects [J]. Acta Metallurgica Et Materialia, 1995, 43(95): 3061-3073.

[3] Bao S, Kvithyld A, Engh T A, et al. Wettability of Aluminium with SiC and Graphite in Aluminium Filtration[J]. Tms Light Metals, 2011, 49(6): 775-782.

[4] Ervin, Guy. Oxidation Behavior of Silicon Carbide[J]. Journal of the American Ceramic Society, 1958, 41 (9): 347-352.

[5] Jia Q, Zhang H, Li S, et al. Effect of Particle Size on Oxidation of Silicon Carbide Powders[J]. Ceramics International, 2007, 33(2): 309-313.

[6] Logsdon W A, Liaw P K. Tensile, Fracture Toughness and Fatigue Crack Growth Rate Properties of Silicon Carbide Whisker and Particulate Reinforced Aluminum Metal Matrix Composites[J]. Engineering Fracture Mechanics, 1986, 24(86): 737-751.

[7] Rodrigo P, et al. Oxidation Treatments for SiC Particles used as Reinforcement in Aluminium Matrix Composites[J]. Composites Science&Technology, 2004, 64(12): 1843-1854.

[8] 王传廷, 马立群, 尹明勇, 等. SiCp 氧化处理对 SiCp/Al 复合材料润湿性和界面结合的影响[J]. 特种铸造及有色合金, 2010, 30(11): 1062-1065.

[9] Hashim J, Looney L, Hashmi M S J. The Wettability of SiC Particles by Molten Aluminium Alloy[J]. Journal of Materials Processing Technology, 2001, 119(1): 324-328.

[10] Tekmen C, Saday F, Cocen U, et al. An Investigation of the Effect of SiC Reinforcement Coating on the Wettability of Al/SiC System[J]. Journal of Composite Materials, 2008, 42(16): 1671-1679.

[11] Ahmed A, Neely A J, Shankar K, et al. Synthesis, Tensile Testing, and Microstructural Characterization of Nanometric SiC Particulate-reinforced Al 7075 Matrix Composites[J]. Metallurgical and Materials Transactions A, 2010, 41(6): 1582-1591.

[12] Dikici B, Tekmen C, Gavgali M, et al. The Effect of Electroless Ni Coating of SiC Particles on the Corrosion Behavior of A356 Based Squeeze Cast Composite[J]. Strojniski Vestnik, 2011, 57(1): 11-20.

[13] Cordovilla C G, Louis E. Characterization of the Microstructure of a Commercial Al—Cu Alloy (2011) by Differential Scanning Calorimetry (DSC)[J]. Journal of Materials Science, 1984, 19(1): 279-290.

[14] Mitlin D, Morris Jr J W, Radmilovic V. Catalyzed Precipitation in Al – Cu – Si [J]. Metallurgical and Materials Transactions A, 2000, 31(11): 2697-2711.

[15] Ringer S P, Quan G C, Sakurai T. Solute Clustering, Segregation and Microstructure in High Strength Low Alloy Al—Cu—Mg Alloys[J]. Materials Science and Engineering: A, 1998, 250(1): 120-126.

[16] 肖代红, 黄伯云. Si 对铸态 Al-5.3Cu-0.8Mg-0.6Ag 合金显微组织与时效析出的影响[J]. 铸造, 2008, 56(11): 1200-1202.

[17] Barlow I C, Rainforth W M, Jones H. The Role of Silicon in the Formation of the (Al5Cu6Mg2) σ phase in Al—Cu—Mg Alloys[J]. Journal of materials science, 2000, 35(6): 1413-1418.

[18] 王诗勇, 陈志国, 李世晨, 等. 微量 Si 和 Ag 对低 Cu/Mg 比 Al—Cu—Mg 合金时效行为及微观组织结构演化的影响[J]. 中国有色金属学报, 2009, 19(11): 1902-1907.

4 SiC 颗粒增强铝基复合材料的力学行为

本章按照 GB/T 20659—2017/ISO 15546—2011《石油天然气工业铝合金钻杆》[1] 的规定，采用实验的方法测试了按第三章的制备工艺制备的 SiC 颗粒增强铝基复合材料的硬度、拉伸、压缩性能，重点评价了 SiC 增强铝基复合材料的高温压缩强度，探讨了其作为石油钻杆材料的潜能。

4.1 硬度

图 4.1 为铸态和挤压态 XSiCp/Al—Cu—Mg 复合材料的布氏硬度。由图 4.1 可以看出，铸态和挤压态两种 SiCp/Al—Cu—Mg 复合材料的布氏硬度均随着 SiC 颗粒含量的增加而逐渐增加；对于相同 SiC 含量的复合材料，挤压态的硬度高于铸态；当 SiC 颗粒的加入量大于 4.5% 时，挤压态 SiCp/Al 复合材料的硬度急速升高。当 SiC 颗粒的加入量为 6.5% 时，挤压态复合材料的硬度较挤压态 Al—Cu—Mg 铝合金提高了 23.5%。SiC 具有高达 3000HV[1] 的硬度，根据复合准则复合材料的硬度随增强相 SiC 体积分数增加而增加。挤压态 XSiCp/Al—Cu—Mg 复合材料较铸态提升是因为挤压前的均匀化处理导致晶界上粗大的 S(Al_2MgCu) 相固溶到基体中，起到了固溶强化的作用，加上挤压时的大塑性变形可有效细化晶粒，降低 SiC 颗粒的团聚程度，使得 SiC 颗粒分布更均匀。因此，挤压态 SiCp/Al—Cu—Mg 复合材料的硬度明显高于其铸态时的硬度。

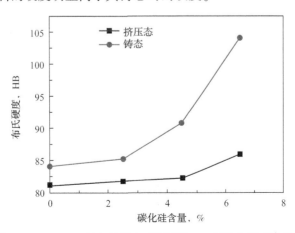

图 4.1 XSiCp/Al 复合材料布氏硬度随 SiC 颗粒含量变化曲线

4.2　拉伸性能

在钻杆钻进时，其轴向会受到拉、压应力，井口处拉力最大，随井深增加，钻杆所受拉力逐渐减小并最终转变为压应力。随着井深的增加，钻杆所处的环境温度逐渐增大，但是考虑到井口处的拉力最大，而井口处温度通常为室温，因此，采用 WDW-100D 万能拉伸试验机评价 SiCp/Al—Cu—Mg 复合材料的室温拉伸性能。

根据 GB/T 228.1—2010《金属材料 拉伸试验 第 1 部分：室温试验方法》[2]加工拉伸试样，其形状和尺寸如图 4.2 所示。

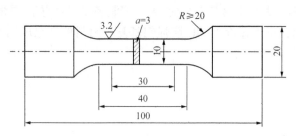

图 4.2　常温拉伸试样尺寸(单位：mm)

图 4.3(a)和(b)分别为 SiCp/Al—Cu—Mg 复合材料的拉伸应力—应变曲线和强度随 SiC 颗粒含量变化曲线。图 4.3(a)中铝合金及其复合材料的工程应力—应变图中无屈服平台，故以 $\sigma_{0.2}$ 作为其屈服强度。图 4.3(b)中标示的 325MPa 和 460MPa 分别为国家标准 GB/T 20659—2017《石油天然气工业 铝合金钻杆》所规定的 Al—Cu—Mg 系铝合金钻杆的最小屈服强度和抗拉强度。由图 4.3(a)和图 4.3(b)可见，当复合材料中 SiC 颗粒质量分数达到 6.5% 时，其屈服强度、抗拉强度较基体合金分别增加了 4.3% 和 5.1%，且符合 GB/T 20659—2017 对铝合金钻杆的强度要求。

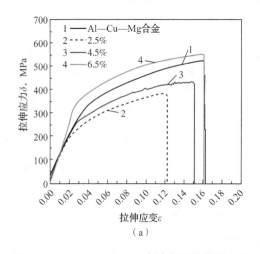
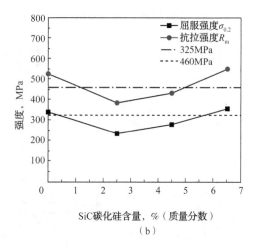

图 4.3　SiCp/Al—Cu—Mg 复合材料的拉伸应力—应变曲线(a)和强度随 SiC 颗粒含量变化曲线(b)

图4.3中，随基体合金中 SiC 颗粒质量分数增加，XSiCp/Al—Cu—Mg 复合材料的屈服强度、抗拉强度均先减小再增加。该现象与复合准则矛盾。为此，采用 ZEISS 型扫描电镜对拉伸断口进行分析。SiC/Al—Cu—Mg 复合材料拉伸断口形貌如图4.4所示。由图4.4(b)、图4.4(c)可见，强度较低的 2.5%SiCp/Al—Cu—Mg 和 4.5%SiCp/Al—Cu—Mg 复合材料拉伸断口上有明显的 SiC 团聚现象，且 SiC 颗粒团聚区与基体界面处有明显裂纹。这是因为在外载荷作用下，SiC 与铝基体塑性变形能力不同，从而在 SiCp—Al 界面产生应力集中，而碳化硅的团聚将增加应力集中的程度[3-5]。当该应力达到材料的断裂强度时即在 SiCp—Al 界面产生裂纹。在拉伸变形时，外载荷从非 SiC 颗粒团聚区传递到 SiC 颗粒团聚区，从而导致团聚区在外加应力较小时即因应力集中而出现开裂[6]；此外，SiC 颗粒团聚区也是缺陷积累区，微裂纹可在此处优先形核[7]。团聚区一旦开裂便失去传递载荷的能力，因此，当铝基复合材料中出现碳化硅颗粒团聚时，其拉伸强度较碳化硅均匀分布的材料显著下降。

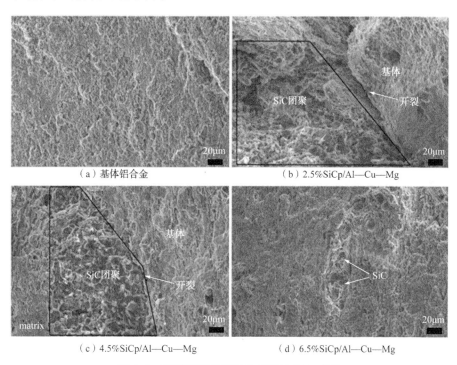

(a) 基体铝合金   (b) 2.5%SiCp/Al—Cu—Mg

(c) 4.5%SiCp/Al—Cu—Mg   (d) 6.5%SiCp/Al—Cu—Mg

图4.4　不同材料的常温拉伸断口 SEM 照片

4.3　压缩性能

在正常钻进过程中，钻杆在轴向上除自重造成的拉力外，还会因钻井液的浮力作用而在钻柱下部承受轴向压力。随钻井深度增加，地层温度也逐渐增加，当钻井深度达到 6000m 时，地层温度可达约 200℃。

参考 GB/T 7314—2017《金属材料 室温压缩试验方法》，采用 Gleeble-1500 热模拟试验机［图4.5(a)］，分别测试了挤压态基体合金、6.5%SiCp/Al—Cu—Mg复合材料的压缩性能。压缩试样的形状和尺寸如图4.5(b)所示。

（a）热模拟试验机

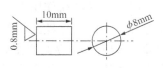
（b）压缩试样尺寸示意图

图4.5 不同温度压缩实验仪器及试样尺寸

4.3.1 室温压缩性能

图4.6(a)和图4.6(b)分别为不同温度下基体材料、6.5%SiCp/Al—Cu—Mg复合材料的压缩应力—应变曲线。如图4.6(a)和图4.6(b)所示，由于铝合金及其复合材料的压缩应力—应变图中不存在屈服平台，因此图4.7中各种材料的压缩条件屈服强度和极限抗压强度是依据GB/T 7314—2005《金属材料 室温压缩试验方法》计算得到。此外，图4.7中325MPa和460MPa分别为GB/T 20659—2017《石油天然气工业 铝合金钻杆》所规定的Al—Cu—Mg系铝合金钻杆的最小屈服强度和抗拉强度。

如图4.6和图4.7所示，在25℃下施加压缩载荷，由于复合材料中含有均匀分布的SiC颗粒，从而可有效阻碍位错运动；SiC颗粒具有弥散强化的作用；SiC颗粒可转移和分散外加作用力，提高复合材料的变形抵抗力，所以6.5%SiCp/Al—Cu—Mg复合材料的压缩屈服强度较挤压态的基体合金材料提高了15.2%，极限抗压强度提高了8.5%。根据图4.7所示，25℃室温条件下，所制得的6.5%SiCp/Al—Cu—Mg复合材料满足石油天然气工业铝合金钻杆所规定的数值。

4.3.2 高温压缩性能

对于深井和超深井来说，随着井深的增加，钻杆所处环境的温度也随之增加，而钻杆在井下承受着复杂的力的作用，其中由于钻井液与管外液柱的存在，给予钻杆的压力很大，因此，研究不同温度下，尤其是高温下钻杆材料的抗挤压性能是尤为重要的。本次实验，测试了温度区间为25~250℃的挤压态基体铝合金和6.5%SiCp/Al—Cu—Mg复合材料的压缩性能。

由图4.6和图4.7可以看出，基体铝合金和6.5%SiCp/Al—Cu—Mg复合材料的压缩条件屈服强度和极限抗压强度均随着压缩温度的升高而降低。并且，当温度由200℃上升为250℃时，两种材料的压缩条件屈服强度和极限抗压强度均有较大幅度的降低。这是由于铝合金在250℃压缩变形时发生了软化，使得铝合金强度降低；6.5%SiCp/Al—Cu—Mg

复合材料中由于弥散分布着高硬度的 SiC 颗粒，在 250℃时 SiC 硬度不会下降，故可提高复合材料在高温下的变形抗力，从而使得材料的强度下降值较基体合金低。从图 4.7 中可知，挤压态 6.5%SiCp/Al—Cu—Mg 复合材料较挤压态基体合金拥有更好的抗高温软化性能，在温度上升至 150℃时，6.5%SiCp/Al—Cu—Mg 复合材料仍然满足 GB/T 20659—2017《石油天然气工业 铝合金钻杆》所规定的 Al—Cu—Mg 系铝合金钻杆的最小屈服强度和抗拉强度要求。

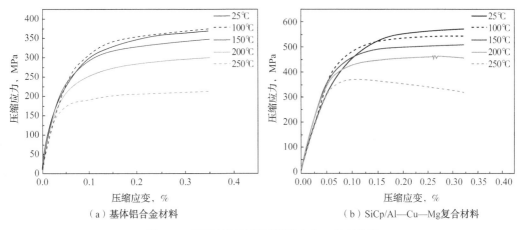

图 4.6　不同材料的高温压缩应力—应变曲线

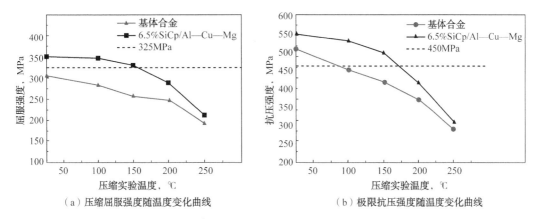

图 4.7　不同材料的高温压缩屈服强度和抗压强度随温度的变化曲线

综上所述，在 Al—Cu—Mg 系铝合金中添加 6.5%SiC 颗粒不仅能提高其常温下的压缩性能，也能满足其在 150℃温度范围内的压缩强度要求，大大提高了材料的适应能力。

参 考 文 献

［1］ GB/T 20659—2017　石油天然气工业 铝合金钻杆［S］.

［2］ GB/T 228.1—2010　金属材料 拉伸试验 第1部分：室温试验方法［S］.

［3］ Wu Y，Lavernia E J. Strengthening Behavior of Particulate Reinforced MMCs［J］. Scripta Metallurgica et Materialia，1992，27(2)：173-178.

［4］ Dan Z, Tuler F R. Effect of Particle Size on Fracture Toughness in Metal Matrix Composites［J］. Engineering Fracture Mechanics, 1994, 47(2): 303-308.

［5］ Hong S J, Kim H M, Huh D, et al. Effect of Clustering on the Mechanical Properties of SiC Particulate-reinforced Aluminum Alloy 2024 Metal Matrix Composites［J］. Materials Science and Engineering: A, 2003, 347(1): 198-204.

［6］ Conlon K T, Wilkinson D S. Effect of Particle Distribution on Deformation and Damage of Two-phase Alloys. Mater. Sci. Eng. A, 2001, 317(1-2): 108-114.

［7］ Clyne T W, Withers P J. An Introduction to Metal Matrix Composites［M］. New York, Cambridge University Press, 1993: 1-4.

5　铝基复合材料的磨损行为

随着钻井技术的进步，深井、超深井、大斜度井、定向井、大位移井和水平井所占的比例越来越大，由此产生的钻井时间长、出现狗腿严重度几率高、钻杆与套管接触正应力大等特点，使得钻杆与套管、钻杆与井壁间磨损问题越来越突出[1]。

在实际钻进工况下，钻杆主要存在如下磨损：（1）钻杆内、外表面与钻井液之间的磨损；（2）钻杆与钢套管之间的磨损[2]；（3）钻杆钻进过程中，由于钻杆扰动，从而侧向撞击套管或井壁，并沿套管或井壁环向运动时，钻杆与套管、钻杆与井壁产生冲击—滑动磨料磨损。

本章采用滑动磨损实验机和动载磨料磨损试验机，在模拟钻杆钻进作业工况下，测试了按第 3 章制备工艺制备的 Al—Cu—Mg 合金及 XSiCp/Al—Cu—Mg 复合材料与 P110 套管钢（布氏硬度为 485HB）之间的滑动磨损和冲击—滑动磨料磨损行为，以评价 SiC 增强铝基复合材料作为钻杆材料时的耐磨性。

5.1　滑动磨损

滑动磨损是指钻杆在斜井、定向井和大位移井中钻进时，钻杆在轴向力、环向力及重力作用下紧靠在套管、井眼弯曲处并产生相对滑动形成的磨损[3]。钻杆在井眼内旋转，特别是在井眼弯曲部位旋转，会使钻杆产生周期性拉伸、压缩载荷[4]。当这种周期性拉伸、压缩载荷足够大时，钻杆的弯曲段与井壁接触形成正压力（也称为接触应力），钻杆旋转和起下钻时造成钻杆与套管、钻杆与井壁的滑动磨损。图 5.1 为大位移井中旋转钻柱与井眼弯曲段间的接触应力示意图。一旦钻杆杆体接触到井壁，随着压缩载荷的增加，钻杆与套管或井壁之间逐渐由点接触发展到线接触（也叫弧接触），直至钻杆失效。钻杆与弯曲的井孔接触，随着钻柱的旋转和上下取钻，必然会分别造成钻杆的横向和纵向滑动磨损。

5.1.1　滑动磨损测量方法

采用图 5.2 所示的滑动磨损装置测试 XSiC/Al—Cu—Mg、Al—Cu—Mg 合金在钻井液作用下与套管钢之间的滑动磨损率。该测试中使用的润滑液为两性离子聚磺钻井液（来源于钻井现场），其具体组成见表 5.1。该两性离子聚磺钻井液主要用于三开 6000~8000m 的深井钻进。

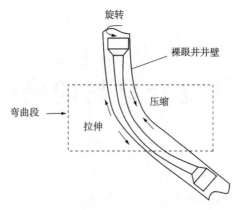

图 5.1　大位移井中旋转钻柱与井孔弯曲段间的接触应力示意图

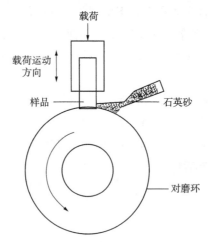

图 5.2　滑动磨损原理图

表 5.1　两性离子聚磺钻井液组成

组成	上部井浆	RH-220	SMP-1	SMC	SP-80	FT-342	聚合醇	LF-2	抗磨剂
含量,%	余量	3~5	3~4	3~4	0.1	3~5	1.5~2.5	3~4	1

根据 GB/T 12444—2006《金属材料 磨损试验方法 试环—试块滑动磨损》实验方法。待测材料 Al—Cu—Mg 合金及三种不同 SiC 含量的铝基复合材料的尺寸均为 30mm×6mm×6mm(静);对磨环材料为 P110 套管钢,其尺寸为外径 40mm、内径 16mm、宽度 10mm。实验时试环转速为 200r/min,其外表面的线速度为 $v=0.42\text{m/s}$(根据公式 $r=\pi D$ 计算得到),磨损时间为 40min,80min,120min,160min 和 200min,以模拟钻进深度分别为 2000m,4000m,6000m,8000m 和 10000m 时钻杆材料的磨损情况;实验时正压力 $F=150\text{N}$(极限值)。

滑动磨损率可采用质量磨损率和体积磨损率两种方法进行计算。滑动磨损质量磨损率计算公式:

$$\text{质量损失率}=\text{试样损失质量}/\text{试样磨损前质量} \tag{5.1}$$

滑动磨损体积磨损率计算公式:

$$体积磨损率=体积损失/磨损时间 \qquad (5.2)$$

式(5.2)中体积损失计算公式：

$$V=\frac{D^2}{8}t\left[2\sin^{-1}\frac{b}{D}-\sin\left(2\sin^{-1}\frac{b}{D}\right)\right] \qquad (5.3)$$

式中：V 为体积磨损量，mm^3；D 为试环外径（40mm），mm；t 为试块宽度，mm；b 为磨痕平均宽度（图5.3），mm，其测量方法为在滑动磨损后试样的磨痕中部及两端（距边缘1mm），用游标卡尺进行测量，取三次测量结果的平均值。

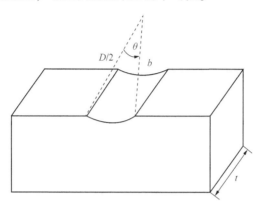

图5.3　滑动体积磨损计算示意图

磨损后的试样三个位置的磨痕宽度之差大于平均宽度值20%时，本次实验数据无效

5.1.2　滑动磨损率

图5.4为不同SiC含量的SiCp/Al—Cu—Mg复合材料的滑动磨损率随磨损时间的变化曲线。由图5.4可见，XSiCp/Al—Cu—Mg（X=2.5%，4.5%，6.5%）的耐磨性明显优于Al—Cu—Mg基体合金。如图5.4所示，Al—Cu—Mg基体合金和2.5%SiCp/Al—Cu—Mg的磨损率随磨损时间增长而增加，当磨损时间达到120min时，磨损率趋于稳定。然而，当复合材料中的SiC颗粒含量超过4.5%时，复合材料的磨损率随磨损时间增长呈现先增大再减小并逐渐趋于稳定的现象，此时，复合材料的磨损率也远小于基体合金的磨损率。在室温滑动时间为200min的条件下，XSiCp/Al—Cu—Mg复合材料的耐磨性随着加入SiC颗粒的质量分数增多而提高，当SiCp加入量达到6.5%时，SiCp/Al—Cu—Mg复合材料的质量磨损率降低了80%左右。

5.1.3　碳化硅含量对滑动磨损率的影响

图5.5(a)和图5.5(b)分别为Al—Cu—Mg合金和6.5%SiCp/Al—Cu—Mg复合材料与对磨环对磨200min后的磨损面形貌。从图中不难看出，沿着滑动磨损方向（白色箭头方向），复合材料磨损表面所形成的犁沟[图5.5(b)]较Al—Cu—Mg合金磨损表面形成的犁沟[图5.5(a)]窄、浅。犁沟的形成是由于硬金属（对磨件）表面的微凸体嵌入软金属后，在滑动中推挤软金属，使之塑性流动并犁出一条沟槽。与Al—Cu—Mg合金相比，6.5%SiCp/Al—Cu—Mg的耐磨性更好，这是由于在外加载荷作用下，6.5%SiCp/Al—Cu—Mg基

复合材料中的 SiC 颗粒会抵抗基体金属的塑性流动，降低了复合材料的磨损率，从而提高了材料本身的耐磨性。此外，6.5%SiCp/Al—Cu—Mg 复合材料的磨损面会形成一层硬度较基体合金更高的机械混合层(MML)，从而增大了其抵抗配合端微凸体犁削的力，降低了磨损率，提高了耐磨性。

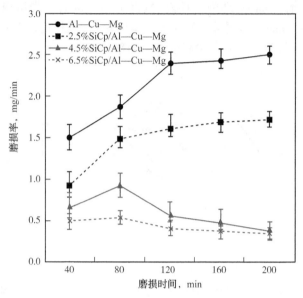

图 5.4　Al—Cu—Mg 合金与 SiCp/Al—Cu—Mg 复合材料的滑动磨损率—时间曲线

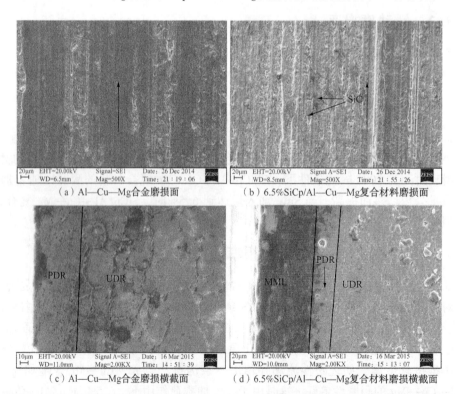

（a）Al—Cu—Mg合金磨损面　　　（b）6.5%SiCp/Al—Cu—Mg复合材料磨损面

（c）Al—Cu—Mg合金磨损横截面　　（d）6.5%SiCp/Al—Cu—Mg复合材料磨损横截面

图 5.5　挤压态 Al—Cu—Mg 合金和 6.5%SiCp/Al—Cu—Mg 复合材料滑动磨损面和磨损横截面的 SEM 照片

图 5.5(c)表明，Al—Cu—Mg 合金滑动磨损时仅形成表面变形区，并没有形成机械混合层(MML)，而复合材料滑动磨损后从磨损表面到材料内部依次形成机械混合层(MML)、塑形变形区(PDR)和未变形区域(UDR)，如图 5.5(d)所示。在载荷和磨损速度恒定的条件下，随着磨损时间的延长，复合材料表面的 MML 逐渐增厚并且趋于恒定。当磨损时间为 200min 时，6.5%SiCp/Al—Cu—Mg 复合材料表面的 MML 层厚度约为 45μm。对复合材料的机械混合层界面进行 EDS 分析(图 5.6)，发现混合界面区主要组成为 Al 基体、SiC 颗粒和 Al 的氧化物。在摩擦过程中，复合材料表面的铝合金基体由于硬度较低，而不断被磨损，致使 SiC 颗粒在复合材料表面富集(图 5.7)。富集的 SiC 颗粒随基体合金的磨损不断裸露出来形成沟脊。该 SiC 沟脊硬度高，抵抗对磨环(P110 钢)微凸体切削作用的力增大，使得对磨环被切削下一部分铁屑，在反复碾压下黏着在沟脊上。所以在机械混合层，常表现为 SiC 颗粒裸露在材料表面，且 SiC 颗粒和 Fe 元素主要分布在犁沟的沟脊上(图 5.7)。综上所述，在模拟钻井滑动磨损工况下，Al—Cu—Mg 合金及 XSiCp/Al—Cu—Mg 复合材料的磨损机制均为磨粒磨损，但是复合材料的磨损率低于基体铝合金，且其磨损率随着 SiCp 含量的增加而降低。该研究结果与 Lee 等[5,6]和曹阳等[7]的研究结果高度一致。

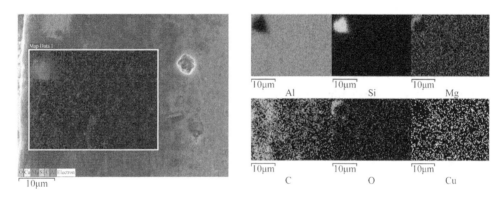

图 5.6　6.5%SiCp/Al—Cu—Mg 复合材料滑动磨损 200min 后磨损横截面机械混合层 EDS 分析

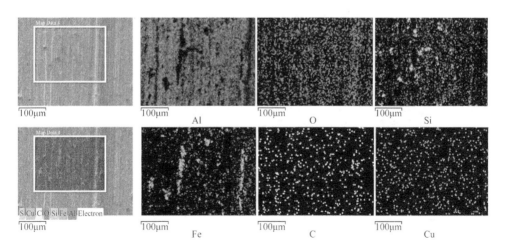

图 5.7　6.5%SiCp/Al—Cu—Mg 复合材料与 P110 对磨 200min 后磨损面 EDS 分析

综上，6.5%SiCp/Al—Cu—Mg 复合材料在模拟钻杆钻井工况下，耐磨性最优，其耐磨性能较基体合金有明显的增加，磨损率降低80%。

5.2　冲击磨损

冲击—滑动磨损是指由钻杆纵向振动、扭转振动和横向振动导致的钻杆与井壁碰撞、滑动而产生的磨损。在正常钻进过程中，钻杆运动状态非常复杂，既有转动又有振动[8]。钻杆的涡动(公转)导致其产生强烈的横向振动，加速钻杆与套管之间的磨损并诱使钻杆产生疲劳破坏。在裸眼井段，钻头破岩时会产生周期性的作用力、位移和扭矩，从而诱发钻杆产生纵向振动、扭转振动和横向振动[9]。Constantijn 等[10]指出，钻柱振动是限制钻水平井和大位移井的一个重要因素；唐继平等[11]指出，在顶部驱动下，由于铝合金钻杆弹性模量小、横向位移大，铝合金钻杆和井壁的碰撞摩擦比钢钻杆更为频繁，并在近井壁附近高速涡动，这进一步说明铝合金钻杆更容易与井壁碰撞，造成磨损、划痕和凹坑。

本章利用动载磨损试验机评价复合材料与 Al—Cu—Mg 合金的冲击—滑动磨料磨损率，实验中使用了石英砂作为磨料介质以模拟钻杆工作时所产生的岩石碎屑等。

5.2.1　冲击磨损实验方法

冲击磨损实验所用装置为动载磨粒磨损试验机(图5.8)，试样为挤压态的 XSiCp/Al—Cu—Mg(试样尺寸为 30mm×10mm×10mm)，对磨环材料为 P110 套管钢(尺寸为外径 53mm、内径 31mm、厚度 18mm)，磨料为石英砂，其粒径分布范围为 25~80μm，平均粒径约为 40μm(其粒度分布如图5.9所示)。冲击载荷作用频率为 60 次/min，磨损时间分别为 40min，80min，120min，160min 和 200min。通过称量试样磨损前后质量，计算质量损失，最后利用式(5.1)计算试样的质量损失率。

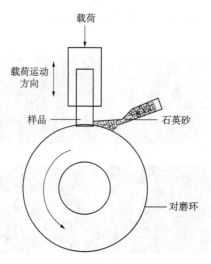

图 5.8　冲击磨料磨损原理示意图

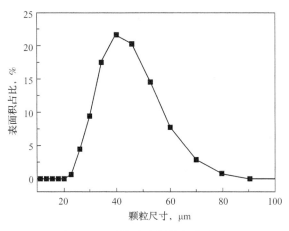

图 5.9　石英砂磨料粒径分布图

5.2.2　冲击磨损率

图 5.10 为基体合金与 XSiCp/Al—Cu—Mg 复合材料的冲击—滑动磨料磨损率随磨损时间变化的曲线。从图 5.10 可以看出，在模拟钻杆动载磨料磨损的钻进工况下，XSiCp/Al—Cu—Mg 复合材料的耐冲击—滑动磨料磨损性能较 Al—Cu—Mg 合金更好。当磨损时间相同时，XSiCp/Al—Cu—Mg 复合材料的耐磨性随 SiC 含量增加而增强。基体合金和 X%SiCp/Al—Cu—Mg 复合材料的冲击—滑动磨料磨损率随磨损时间增长先增加并最终趋于恒定。在室温磨损 200min 的条件下，6.5%SiCp/Al—Cu—Mg 的磨损率较 Al—Cu—Mg 合金降低了约 17.6%，较 2.5%SiCp/Al—Cu—Mg 降低了 8.5%。在 SiC 颗粒含量及磨损时间相同的情况下，冲击—滑动磨料磨损的磨损率约为滑动磨损率的 30 倍。

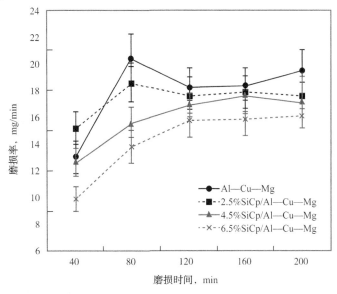

图 5.10　不同 SiCp 含量 SiCp/Al—Cu—Mg 复合材料冲击磨料磨损率—时间曲线

5.2.3　碳化硅含量对冲击磨损率的影响

图 5.11(a)和图 5.11(b)表明，Al—Cu—Mg 合金、6.5%SiCp/Al—Cu—Mg 复合材料与 P110 动载对磨 200min 后，沿着磨损方向形成了犁沟和强烈的金属流动。这是因为在冲击—滑动磨料的作用下，随磨损时间增长，磨损面温度升高，铝合金产生了软化现象，合金基体会发生严重的塑性流动。因此，在冲击载荷与石英砂介质的共同作用下，基体合金与 XSiCp/Al—Cu—Mg 复合材料的磨损方式为黏着磨损和磨粒磨损并存的磨损机制。图 5.11(c)和图 5.11(d)分别为 Al—Cu—Mg 合金、6.5%SiCp/Al—Cu—Mg 与 P110 动载对磨 200min 后的截面形貌。由该图可知，Al—Cu—Mg 合金和复合材料的磨损表层均形成了严重的塑性变形区(PDR)，Al—Cu—Mg 合金塑性变形区表面较平整、存在小孔[图 5.11(c)中 A 处]，而复合材料变形区(PDR)表面凹凸、存在撕裂层。Al—Cu—Mg 合金硬度较对磨环硬度低，对磨时磨料易嵌入 Al—Cu—Mg 合金，随着对磨过程的进行，Al—Cu—Mg 合金进一步磨损，嵌入的磨粒脱落形成小孔。对于 6.5%SiCp/Al—Cu—Mg，高硬度的 SiC 在复合材料亚表层富集，阻止基体进一步磨损，故磨料难以嵌入，即使嵌入，也难以脱落形成小孔。

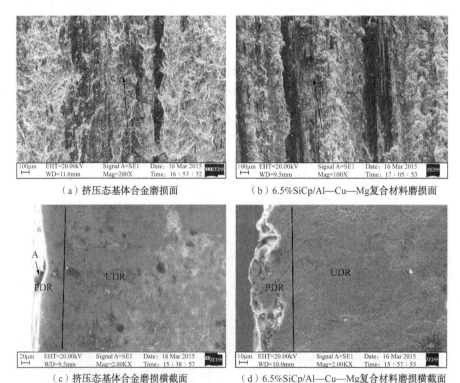

（a）挤压态基体合金磨损面　　　　　（b）6.5%SiCp/Al—Cu—Mg 复合材料磨损面

（c）挤压态基体合金磨损横截面　　　　（d）6.5%SiCp/Al—Cu—Mg 复合材料磨损横截面

图 5.11　挤压态 Al—Cu—Mg 基体和 6.5%SiCp/Al—Cu—Mg 复合材料冲击—滑动磨料磨损 200min 的 SEM 照片

图 5.12 和图 5.13 分别为挤压态 Al—Cu—Mg 合金和 6.5%SiCp/Al—Cu—Mg 复合材料与 P110 动载对磨 200min 后的磨损面 EDS 分析结果。从图 5.12 和图 5.13 可看出，在 Al—

Cu—Mg 合金与 6.5%SiCp/Al—Cu—Mg 复合材料的表面都分布有大量的 Fe 元素、Si 元素和 O 元素。这是由于在垂直冲击力作用下，石英砂(SiO₂ 颗粒)嵌入了软质基体中形成混合层，随着磨损时间延长，对 Al—Cu—Mg 合金和 6.5%SiCp/Al—Cu—Mg 试样均造成切削，使得大部分磨屑损失，只有少量磨屑进入试样表面形成混合层。因此，在模拟钻进工况的冲击—滑动磨损时，无论是基体合金还是 6.5%SiCp/Al—Cu—Mg 复合材料均会产生严重的磨粒磨损和黏着磨损。

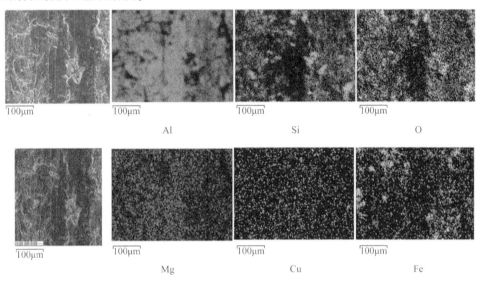

图 5.12　Al—Cu—Mg 合金冲击—滑动磨料磨损 200min 后磨损面 EDS 分析

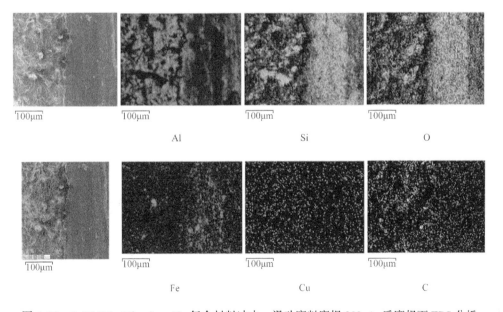

图 5.13　6.5%SiCp/Al—Cu—Mg 复合材料冲击—滑动磨料磨损 200min 后磨损面 EDS 分析

综上，在模拟钻杆钻进工况下的冲击—滑动磨损试验中，6.5%SiCp/Al—Cu—Mg复合材料耐磨性最优，其耐磨性能较Al—Cu—Mg合金明显增加；XSiCp/Al—Cu—Mg复合材料随SiC含量的增加，其耐磨性能也逐渐增强。

参 考 文 献

[1] 侯勇俊，王文武. 套管磨损研究进展[J]. 钻采工艺，2001，24(5)：72-74.

[2] Bradley WB, Fontenot J E. The Prediction and Control of Casing Wear[J]. Journal of Petroleum Technology, 1975, 27(2)：233-245.

[3] Sikal A, Boulet J, Menand S, et al. Drillpipe Stress Distribution and Cumulative Fatigue Analysisin Complex Well Drilling：New Approach in Fatigue Optimization[J]. Society of Petroleum Engineers, 2008.

[4] 王小红，郭俊，郭晓华，等. 铝合金钻杆材料、特点及其磨损研究进展[J]. 材料导报：纳米与新材料专辑，2014(1)：431-434.

[5] 李翊. SiC颗粒增强铝基复合材料摩擦磨损性能研究[D]. 长沙：湖南大学，2005.

[6] Lee Huei long, Lu W H, Chan L I. Abrasive Wear of Powder Metallurgy Al Alloy 6061-SiC Particle Composites[J]. Wear, 1992, 159(92)：223-231.

[7] 曹阳，李国俊. SiCp/Al复合材料的磨损特性分析[J]. 复合材料学报，1992，9(3)：32-36.

[8] Jacobson S, Wallén P, Hogmark S. Correlation between Groove Size, Wear Rate and Topography of Abraded Surfaces [J]. Wear, 1987, 115(87)：83-93.

[9] Cheathan C A, Coneaux B C. General Guidelines for Predicting Fatigue Life of MWD Tools[C]. Proceedings of Society of Petroleum Engineers. New orleans, 1992.

[10] Constantijn Raap, Andrew D Craig, Ryan Graham. Drill Pipe Dynamic Measurements Provide Valuable Insight into Drill String Dysfunction[R]. SPE Annual Technical Conference and Exhibition. Denver, 2011：1.

[11] 唐继平，狄勤丰，胡以宝，等. 铝合金钻杆的动态特性及磨损机理分析[J]. 石油学报，2010，31(4)：684-688.

6　铝基复合材料腐蚀行为研究

6.1　Al—Cu—Mg 合金及 SiCp/Al—Cu—Mg 复合材料均匀腐蚀行为研究

6.1.1　浸泡法

均匀腐蚀试验参考我国机械行业标准 JB/T 7901—2001《金属材料实验室均匀腐蚀全浸试验方法》[1]进行，同时参考我国国家标准 GB/T 20659—2017《石油天然气工业 铝合金钻杆》[2]，选取 3.5%NaCl 溶液和聚磺钻井液为介质，介质温度分别为室温、60℃和90℃，浸泡时间为 3 天。材料为自制的挤压态 Al—Cu—Mg 合金及 6.5%SiCp/Al—Cu—Mg，试样尺寸为 20mm×20mm×3mm。试样经 200#、400#、600#、800#和1000#砂纸逐级打磨后，再用丙酮除油、酒精除水，冷风吹干，称重后备用。浸泡后的试样首先用密度为 1.42g/mL 的 HNO₃ 溶液去除腐蚀产物，然后用酒精除水，冷风吹干后称重，然后根据式（6.1）[1]计算试样腐蚀速率：

$$R = \frac{8.76 \times 10^7 \times (M - M_1)}{STD} \tag{6.1}$$

式中　R——腐蚀速率，mm/a；

　　　M——试验前的试样质量，g；

　　　M_1——试验后的试样质量，g；

　　　S——试样的总面积，cm²；

　　　T——试验时间，h；

　　　D——材料的密度，kg/m³。

图 6.1 为 Al—Cu—Mg 合金与 6.5%SiCp/Al—Cu—Mg 在不同温度的 3.5%NaCl 溶液中浸泡 3 天后的质量损失与腐蚀速率对比图。Al—Cu—Mg 合金与 6.5%SiCp/Al—Cu—Mg 试样质量损失量和腐蚀速率均随着温度的升高而增加。当介质温度大于 90℃时，Al—Cu—Mg 合金质量损失量和腐蚀速率迅速增加；当介质温度相同时，Al—Cu—Mg 合金的质量损失量和腐蚀速率均大于 6.5%SiCp/Al—Cu—Mg，说明在相同的温度条件下，6.5%SiCp/Al—Cu—Mg 耐 3.5%NaCl 溶液腐蚀的能力优于 Al—Cu—Mg 合金。

图 6.2 为 Al—Cu—Mg 合金与 6.5%SiCp/Al—Cu—Mg 复合材料在不同温度的聚磺钻井液中浸泡 3 天后的质量损失与腐蚀速率对比图。与在 3.5%NaCl 溶液中的浸泡结果相似，

两种试样的质量损失量和腐蚀速率都随着温度的升高而增加，当介质温度为90℃时，两种试样的腐蚀速率均迅速增加；当介质温度相同时，Al—Cu—Mg 合金的质量损失量、腐蚀速率均大于 6.5%SiCp/Al—Cu—Mg，说明在相同的温度条件下，6.5%SiCp/Al—Cu—Mg在聚磺钻井液中的耐蚀性要优于 Al—Cu—Mg 合金。

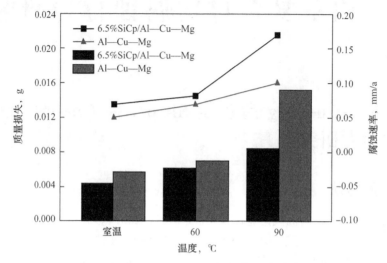

图 6.1　Al—Cu—Mg 与 6.5%SiCp/Al—Cu—Mg 在不同温度 3.5%NaCl 溶液中浸泡 3 天后质量损失量、腐蚀速率对比图(柱状图为质量损失，折线图为腐蚀速率)

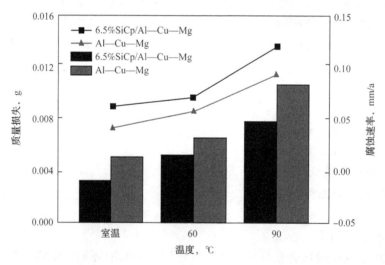

图 6.2　Al—Cu—Mg 与 6.5SiCp/Al—Cu—Mg 在不同温度的聚磺钻井液中浸泡 3 天后的质量损失量、腐蚀速率对比图(柱状图为质量损失，折线图为腐蚀速率)

6.1.2　电化学法

采用 PGSTA T302 型电化学工作站测试其电化学性能。电化学测试采用三电极体系，工作电极为自制的挤压态 Al—Cu—Mg 合金及 6.5%SiCp/Al—Cu—Mg 试样，将工作电极用环氧树脂固封，留出 10mm×10mm 的工作面积。以铂金电极、甘汞电极分别作为辅助电极和参比电极。介质为 3.5%NaCl 溶液和聚磺钻井液。极化曲线测试扫描速率为 0.001V/s，交流阻抗测试扫描频率范围为 $10^{-2} \sim 10^5$，激励信号峰值 5mV。

图 6.3 为 6.5%SiCp/Al—Cu—Mg 和 Al—Cu—Mg 合金在 3.5%NaCl 溶液及聚磺钻井液中的交流阻抗复平面图。

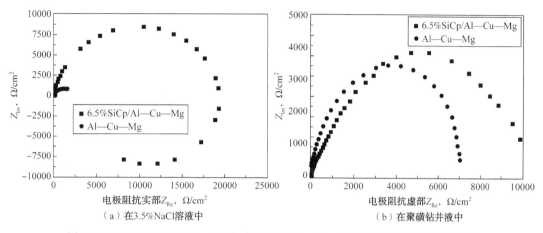

（a）在 3.5%NaCl 溶液中　　　　　　　（b）在聚磺钻井液中

图 6.3　6.5%SiCp/Al—Cu—Mg 复合材料和 Al—Cu—Mg 合金交流阻抗复平面图

从图 6.3(a) 中可以看到，在 3.5%NaCl 溶液中，6.5%SiCp/Al—Cu—Mg 复合材料阻抗谱呈高频容抗弧和低频感抗弧的特征。高频容抗弧对应复合材料表面的氧化膜层，其阻抗值越大耐蚀性越好，低频感抗弧的出现说明此时点蚀开始萌生。曹楚南等[3,4]认为此阶段对应孔蚀的"诱导期"。该阶段 Cl⁻ 吸附的表面区域钝化膜的溶解速度大于成膜速度，并且由于阳极电流密度的增大导致靠近金属表面的 H⁺、Cl⁻ 浓度升高而形成了一种自催化相，加速了钝化膜的溶解。当这些区域的钝化膜溶解穿透，点蚀真正开始发生的时候，低频感抗弧也就会消失，低频呈现容抗弧特征。Al—Cu—Mg 合金阻抗谱呈单个容抗弧特征，但其容抗弧半径远远小于 6.5%SiCp/Al—Cu—Mg 复合材料。

图 6.4 为图 6.3 的等效电路，其中 R_s 表示溶液电阻，Q 为电极表面与溶液之间形成的双电层电容，R_p 为极化电阻，W 为 Warburg 阻抗，R_L 为感抗，L 为电感。表 6.1 为根据图 6.4 的等效电路拟合得到的各个电器元件参数值。从表 6.1 中可见，在 3.5%NaCl 溶液中 6.5%SiCp/Al—Cu—Mg 的极化电阻值远大于 Al—Cu—Mg 合金的极化电阻值，6.5%SiCp/Al—Cu—Mg 的常相位角值也较 Al—Cu—Mg 合金大，说明试样表面氧化膜层厚度较Al—Cu—Mg 合金大，即在 3.5%NaCl 溶液中，SiCp/Al—Cu—Mg 复合材料的耐蚀性优于Al—Cu—Mg 合金。

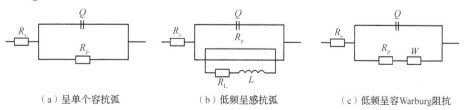

（a）呈单个容抗弧　　　　　（b）低频呈感抗弧　　　　　（c）低频呈容 Warburg 阻抗

图 6.4　交流阻抗等效电路图

表 6.1　Al—Cu—Mg 铝合金和 SiCp/Al—Cu—Mg 复合材料在不同介质中阻抗等效电路参数值

介质	材料	R_s $\Omega \cdot cm^2$	Q F/cm^2	R_p $\Omega \cdot cm^2$	R_L $\Omega \cdot cm^2$	L H/cm^2
3.5%NaCl	SiCp/Al—Cu—Mg	9.918	9.29×10^{-6}	19840	3185	153600
	Al—Cu—Mg	21.34	6.32×10^{-6}	1649	—	—
聚磺钻井液	SiCp/Al—Cu—Mg	4.6	9.00×10^{-5}	11610	—	—
	Al—Cu—Mg	5.078	9.95×10^{-5}	8197	—	—

从图 6.3(b)中可见，在聚磺钻井液中，6.5%SiCp/Al—Cu—Mg、Al—Cu—Mg 合金的阻抗谱均呈单个容抗弧特征，且 6.5%SiCp/Al—Cu—Mg 复合材料的极化电阻值和常相位角值都略大于 Al—Cu—Mg 合金，说明 6.5%SiCp/Al—Cu—Mg 复合材料在聚磺钻井液中的耐蚀性优于 Al—Cu—Mg 铝合金。

综上所述，在 Al—Cu—Mg 铝合金加入 SiC 颗粒后制备成的 SiCp/Al—Cu—Mg 复合材料其耐蚀性有所改善，其中的直接原因是因为 SiCp/Al—Cu—Mg 复合材料的电化学性能要优于 Al—Cu—Mg 合金，根本原因是因为 SiC 颗粒的加入起到了两个作用：一是抑制了复合材料中 S(Al_2CuMg)相和 T(AlZnMgCu)相的析出；二是使复合材料中析出的 θ($CuAl_2$)相分布更加弥散，尺寸更加细小。这两点也正是其耐蚀性有所提高的根源所在。

6.2　Al—Cu—Mg 合金与 6.5%SiCp/Al—Cu—Mg 复合材料点蚀行为及机理研究

点蚀试验方法为浸泡法。材料为自制的挤压态 Al—Cu—Mg 合金及 6.5%SiCp/Al—Cu—Mg。依据 GB/T 20659—2017《石油天然气工业 铝合金钻杆》[2] 和钻杆服役实际环境，选取 3.5%NaCl 溶液和聚磺钻井液为浸泡介质，浸泡温度分别为室温、60℃、90℃ 和 120℃，试样尺寸为 20mm×20mm×3mm，试样经 200#—1000# 砂纸逐级打磨后，用丙酮除油、酒精除水后，冷风吹干后备用。浸泡结束后，用密度为 1.42g/mL 的 HNO_3 溶液去除试样表面的腐蚀产物并称重，然后用 XJG-05 型金相显微镜和卡尔蔡司公司生产的 ZEISS-EV0-MA15 型扫描电子显微镜(SEM)结合牛津仪器公司生产的 X-Max^{N}X 型能谱仪(EDS)观察试样的点蚀密度；采用 X-ray CT 技术逐层扫描试样计算最大点蚀深度，最后采用 PG-STA T302 型电化学工作站测试其电化学性能。

6.2.1　Al—Cu—Mg 合金与 6.5%SiCp/Al—Cu—Mg 复合材料在 3.5%NaCl 溶液中点蚀行为研究

6.2.1.1　Al—Cu—Mg 合金在 3.5%NaCl 溶液中点蚀行为

图 6.5 为 Al—Cu—Mg 合金试样在介质温度为室温、60℃、90℃ 和 120℃ 条件下的 3.5%NaCl 溶液中分别浸泡 3 天、6 天和 9 天后宏观腐蚀形貌的对比图。从图 6.5 中可见，经过浸泡发生腐蚀后的试样失去了原有的金属光泽，试样表面有明显的腐蚀痕迹并且附着

有一层颜色较深的腐蚀产物；当浸泡介质温度为 120℃ 时，试样表面有肉眼可见的点蚀坑存在，且蚀坑数量、面积随浸泡时间增加而增加。

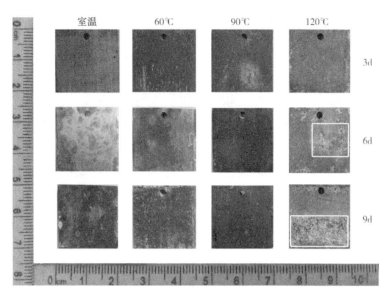

图 6.5　Al—Cu—Mg 合金在 3.5%NaCl 溶液中浸泡不同时间后宏观腐蚀形貌对比图

图 6.6 至图 6.8 分别为 Al—Cu—Mg 合金试样浸泡 3 天、6 天和 9 天并除膜后的表面形貌对比图。由图可见，在相同的浸泡时间下，随浸泡介质温度升高，试样表面点蚀坑数量及深度均显著增加，即温度对点蚀的形核和扩展过程均有促进作用。从图 6.7(d) 和图 6.8(d) 中可见，试样表面呈现模糊状态，说明当浸泡时间较长且浸泡介质温度较高时，小蚀坑进一步腐蚀并逐渐连成一片，且蚀坑深度有所增加。图 6.6(b)(c)，图 6.7(b)(c) 及图 6.8(b)(c) 中，点蚀坑沿挤压方向呈线性排列。Al—Cu—Mg 合金经挤压后第二相或一些微量杂质元素与 α-Al 点蚀电位不同，导致点蚀优先在这些位置发生，故最终的点蚀坑也沿挤压方向线性排列。

(a) 室温　　　　　　　　　　　　　　(b) 60℃

图 6.6　Al—Cu—Mg 铝合金在不同温度 3.5%NaCl 溶液中浸泡 3 天除膜后的表面形貌

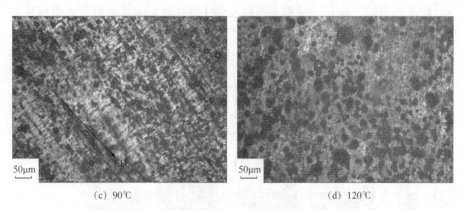

(c) 90℃   (d) 120℃

图 6.6　Al—Cu—Mg 铝合金在不同温度 3.5%NaCl 溶液中浸泡 3 天除膜后的表面形貌(续)

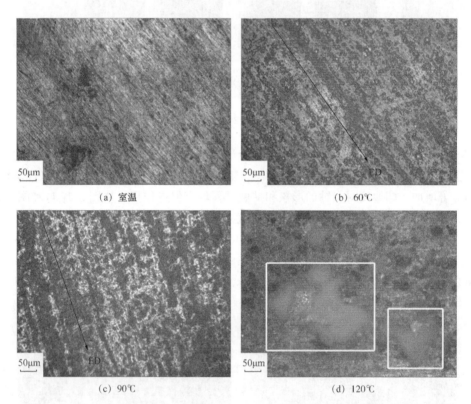

（a）室温   (b) 60℃

(c) 90℃   (d) 120℃

图 6.7　Al—Cu—Mg 铝合金在不同温度 3.5%NaCl 溶液中浸泡 6 天除膜后的表面形貌

　　图 6.9 为 Al—Cu—Mg 合金在浸泡 3 天、6 天和 9 天后，除膜试样的最大点蚀深度图。可见，在浸泡时间相同时，随介质温度的升高，试样的最大点蚀深度增大；在相同介质温度下，随浸泡时间增加，试样最大点蚀深度增加。当介质温度为 120℃，浸泡时间为 9 天时，其点蚀深度为 1160μm，约是试样在室温条件下浸泡 3 天后最大点蚀深度的 30 倍。

　　图 6.10 为 Al—Cu—Mg 合金未腐蚀试样和在不同温度的 3.5%NaCl 溶液中浸泡不同时间后的交流阻抗复平面图。

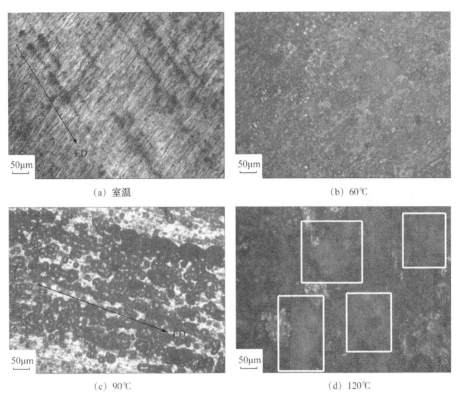

图 6.8　Al—Cu—Mg 铝合金在不同温度 3.5%NaCl 溶液中浸泡 9 天除膜后的表面形貌

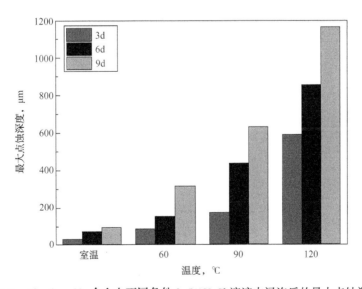

图 6.9　Al—Cu—Mg 合金在不同条件 3.5%NaCl 溶液中浸泡后的最大点蚀深度

从图 6.10 可见，初始试样的交流阻抗谱呈现单个容抗弧的特征，这是因为铝合金表面存在一层自然形成的氧化膜，容抗弧的大小就是该氧化膜的阻抗值。从图 6.10(a)中可见，当试样在 3.5%NaCl 溶液中的浸泡时间为 3 天时，浸泡介质温度为室温、60℃和 90℃

时，试样的交流阻抗谱呈现高频容抗弧和低频感抗弧特征，且随介质温度升高试样阻抗值增加，即随介质温度增加，试样表面的产物膜对试样的保护作用增加。此外，该三个试样的交流阻抗谱中有低频感抗弧出现，说明该三个试样均有点蚀萌生[3,4]。初始试样及在120℃的3.5%NaCl溶液浸泡后的试样均只有单个容抗弧，且在120℃介质中浸泡后试样的阻抗值大于初始试样，即在120℃介质中浸泡后试样表面的产物膜对试样表面有一定保护作用。从图6.10(b)可见，当浸泡时间为6天，在4种温度条件下浸泡后的试样的阻抗谱均呈高频容抗弧和低频感抗弧特征，即浸泡时间为6天时，4种温度条件下试样均萌生了点蚀。随着温度从60℃增加到120℃阻抗值逐渐减小，说明随着温度的升高，表面氧化膜的稳定性逐渐下降，保护性逐渐减小。从图6.10(c)中可见，当浸泡时间为9天，在室温和120℃的介质中浸泡的试样的阻抗谱呈高频容抗弧和低频感抗弧特征，在60℃和90℃的介质中浸泡的试样的阻抗谱呈现单个容抗弧特征，即试样在60℃和90℃介质中浸泡9天时，其点蚀被抑制。

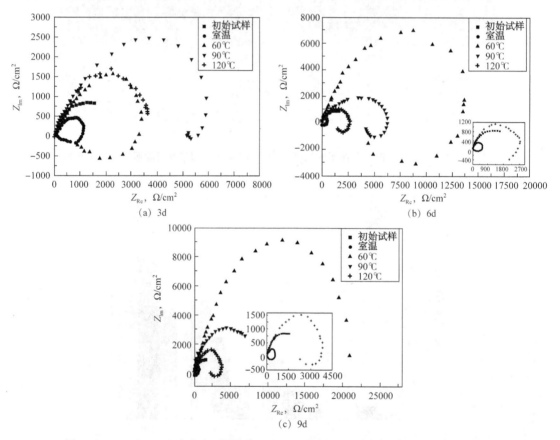

图6.10　Al—Cu—Mg合金在不同温度3.5%NaCl中浸泡不同时间交流阻抗复平面图

从图6.10可进一步讨论浸泡时间对试样交流阻抗谱的影响。在室温下，随试样浸泡时间增加，阻抗谱特征和阻抗值大小均无明显变化；在60℃和90℃条件下，浸泡3天和6天时阻抗谱均呈高频容抗弧和低频感抗弧的特征，9天时呈现单个容抗弧特征，且阻抗值随着时间的进行逐渐增大，说明该两个温度条件下，随反应的进行，试样表面的氧化膜修复速度大于溶解速度，保护性逐渐增强；在 120℃ 条件下，浸泡 3 天时阻抗谱呈单个容抗弧特征；浸泡 6 天和 9 天，阻抗谱呈高频容抗弧和低频感抗弧的特征，说明随着时间的延长表面氧化膜的保护性能有所下降，点蚀开始萌生。

Al—Cu—Mg 合金在 3.5%NaCl 中浸泡不同时间后的阻抗等效电路参数值见表 6.2。从表 6.2 可见，当浸泡时间为 3 天时，在温度为 90℃ 的介质中浸泡后试样的极化电阻最大；当浸泡时间为 6 天和 9 天时，在温度为 60℃ 的介质中浸泡后试样的极化电阻最大。在三种浸泡时间下，在室温介质中浸泡后试样的极化电阻最小。

表 6.2　Al—Cu—Mg 合金在不同条件 3.5%NaCl 中阻抗等效电路参数值

t d	T ℃	R_s $\Omega \cdot cm^2$	Q F/cm^2	R_p $\Omega \cdot cm^2$	R_L $\Omega \cdot cm^2$	L H/cm^2
空白试样		21.34	6.32×10^{-6}	1649	—	—
3	室温	17.79	1.37×10^{-4}	1540	443.5	1715
	60	16.65	5.34×10^{-5}	4699	1996	6847
	90	14.04	7.77×10^{-5}	10090	11520	17470
	120	9.802	6.48×10^{-5}	4474	—	—
6	室温	10.65	8.96×10^{-5}	664.8	492.5	486
	60	29.62	3.99×10^{-5}	25830	12370	41730
	90	7.602	3.89×10^{-5}	7688	9079	40660
	120	20.63	8.46×10^{-5}	2856	2446	29690
9	室温	13.35	8.66×10^{-5}	601.7	115.2	711.3
	60	52.11	5.29×10^{-5}	29830	—	—
	90	14.78	1.66×10^{-4}	9484	—	—
	120	11.57	4.08×10^{-5}	4192	14840	42430

综上，浸泡在 3.5%NaCl 溶液中，Al—Cu—Mg 合金会发生点蚀。在相同浸泡时间下，随介质温度升高 Al—Cu—Mg 合金表面蚀坑密度、深度和尺寸均有所增加。腐蚀产物膜对试样有一定程度的保护作用，介质温度为 60℃ 时，生成的腐蚀产物膜保护性最好，而后随着温度的升高其稳定性有所下降导致保护性逐渐降低。

6.2.1.2　6.5%SiCp/Al—Cu—Mg 在 3.5%NaCl 溶液中点蚀行为

图 6.11 为 6.5%SiCp/Al—Cu—Mg 试样在 3.5%NaCl 溶液中浸泡 3 天、6 天和 9 天后表面形貌对比图。由该图可见，浸泡后试样表面失去了原来的金属光泽，颜色较暗。在温度为 90℃ 和 120℃ 的介质中，浸泡后试样表面有肉眼可见的蚀坑存在。

图 6.12 为 6.5%SiCp/Al—Cu—Mg 在不同温度的 3.5%NaCl 溶液中浸泡 3 天后试样表面除去产物膜后的形貌。图 6.13 为 6.5%SiCp/Al—Cu—Mg 在不同温度的 3.5%NaCl 溶液中浸泡 6 天后试样表面除去产物膜后的形貌。图 6.14 为 6.5%SiCp/Al—Cu—Mg 在不同温度的 3.5%NaCl 溶液中浸泡 9 天后试样表面除去产物膜后的形貌。由图 6.12、图 6.13 和图 6.14 可见，浸泡时间相同时，随浸泡介质温度增加，试样表面蚀坑密度增加；当浸泡介质温度相同时，随浸泡时间增加，试样表面蚀坑密度也增加。

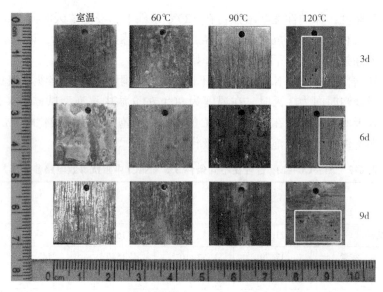

图 6.11　6.5%SiCp/Al—Cu—Mg 复合材料在 3.5%NaCl 溶液中浸泡不同时间后的表面形貌

图 6.12　SiCp/Al—Cu—Mg 复合材料在不同温度 3.5%NaCl 溶液中浸泡 3 天后微观形貌

图 6.15 为 6.5%SiCp/Al—Cu—Mg 试样在 3.5%NaCl 溶液中浸泡 3 天、6 天和 9 天后最大点蚀深度对比图。由该图可见，当浸泡时间相同时，随浸泡介质温度增加，试样表面最大蚀坑深度增加；当浸泡介质温度相同时，随浸泡时间增加，试样表面最大蚀坑深度增加。当试样在 120℃的 3.5%NaCl 溶液中浸泡 9 天时，其最大点蚀深度为 825μm，较 Al—Cu—Mg 合金在相同条件下的最大点蚀深度降低 28.88%。

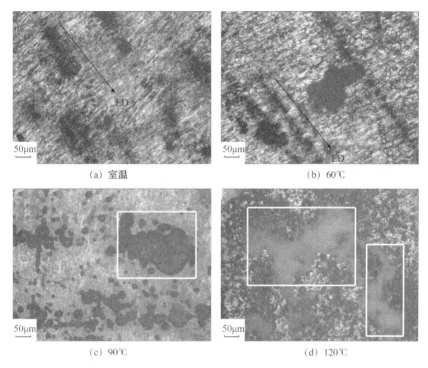

图 6.13   6.5%SiCp/Al—Cu—Mg 复合材料在 3.5%NaCl 溶液中浸泡 6 天后的表面形貌

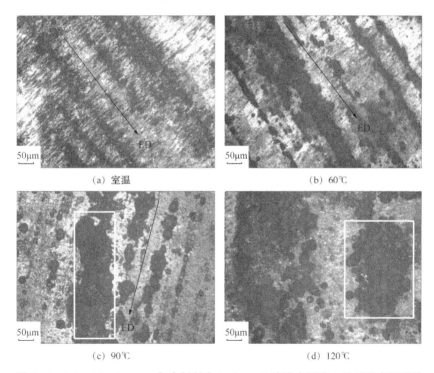

图 6.14   SiCp/Al—Cu—Mg 复合材料在 3.5%NaCl 溶液中浸泡 9 天后的表面形貌

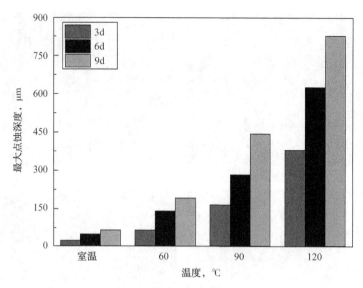

图 6.15　6.5%SiCp/Al—Cu—Mg 复合材料在不同条件 3.5%NaCl 溶液中浸泡后最大点蚀深度

图 6.16 为 6.5%SiCp/Al—Cu—Mg 初始试样和在 3.5%NaCl 溶液中浸泡不同时间后的试样的交流阻抗复平面图。从图 6.16(a) 中可见，在浸泡时间为 3 天时，在室温和 60℃ 的介质中浸泡后的试样的阻抗谱呈现单个容抗弧的特征，90℃ 和 120℃ 条件下的阻抗谱均呈现高频容抗弧和低频感抗弧的特征；从图 6.16(b) 中可见，除在 90℃ 的介质中浸泡后的试样阻抗谱呈单个容抗弧特征外，其余温度条件下试样阻抗谱都呈高频容抗弧和低频感抗弧的特征；从图 6.16(c) 中可见，除室温条件下阻抗谱呈高频容抗弧和低频感抗弧特征外，其余温度条件下试样阻抗谱均呈单个容抗弧特征。

对比 6.5%SiCp/Al—Cu—Mg 与 Al—Cu—Mg 合金在 3.5%NaCl 溶液中的交流阻抗谱，发现 6.5%SiCp/Al—Cu—Mg 在 3.5%NaCl 溶液中的点蚀敏感性较 Al—Cu—Mg 合金小，在高温(90℃、120℃)的 3.5%NaCl 溶液中长时间浸泡后不易萌生点蚀。

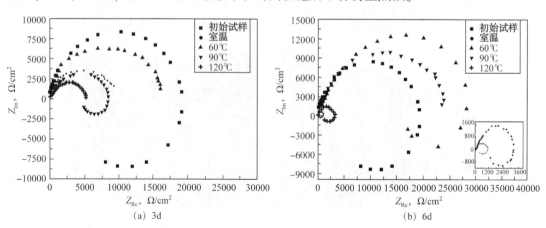

图 6.16　6.5%SiCp/Al—Cu—Mg 在 3.5%NaCl 中浸泡不同时间交流阻抗复平面图

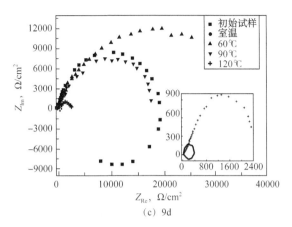

(c) 9d

图 6.16 6.5%SiCp/Al—Cu—Mg 在 3.5%NaCl 中浸泡不同时间交流阻抗复平面图(续)

6.5%SiCp/Al—Cu—Mg 在 3.5% NaCl 溶液中的阻抗等效电路参数值见表 6.3。由表 6.3 可见，试样在 60℃的 3.5%NaCl 溶液中浸泡 6 天后试样极化电阻最大。在室温介质中浸泡 9 天后试样极化电阻最小。

表 6.3 SiCp/Al—Cu—Mg 复合材料在不同条件 3.5%NaCl 中阻抗等效电路参数值

t	T	R_s	Q	R_p	R_L	L
d	℃	$\Omega \cdot cm^2$	F/cm^2	$\Omega \cdot cm^2$	$\Omega \cdot cm^2$	H/cm^2
空白试样		9.918	9.29×10^{-6}	19840	3185	153600
3	室温	13.08	2.13×10^{-5}	10470	—	—
	60	19.14	1.22×10^{-5}	17470	—	—
	90	11.13	2.27×10^{-5}	9448	9099	53750
	120	90.54	4.59×10^{-5}	6506	—	—
6	室温	10.31	2.04×10^{-5}	992.9	427.2	4193
	60	22.28	2.04×10^{-5}	38530	29530	116100
	90	19.64	1.71×10^{-5}	30000	—	—
	120	9.497	6.61×10^{-5}	3623	1958	32700
9	室温	10.27	4.54×10^{-5}	372.1	116.4	400.3
	60	24.07	5.58×10^{-5}	37500	—	—
	90	14.14	1.99×10^{-5}	21310	—	—
	120	17.62	1.12×10^{-4}	3938	—	—

综上，在 3.5%NaCl 溶液中，6.5% SiCp/Al—Cu—Mg 会发生点蚀。当浸泡时间相同时，随介质温度升高，6.5%SiCp/Al—Cu—Mg 试样表面蚀坑密度和尺寸均增加；当介质温度相同时，随浸泡时间增加，6.5%SiCp/Al—Cu—Mg 试样表面蚀坑密度和深度均增加。当介质温度为 120℃、浸泡时间为 9 天时，6.5%SiCp/Al—Cu—Mg 试样表面的最大点蚀深度较 Al—Cu—Mg 合金的最大点蚀深度降低 28.88%。

6.2.2 Al—Cu—Mg 合金与 6.5%SiCp/Al—Cu—Mg 复合材料在聚磺钻井液中点蚀行为研究

6.2.2.1 Al—Cu—Mg 合金在聚磺钻井液中的点蚀行为

图 6.17 为 Al—Cu—Mg 合金试样在聚磺钻井液中浸泡 3 天、6 天和 9 天后的表面形貌对比图。由图可见，浸泡后的试样都失去了金属光泽，部分试样表面呈暗灰色或灰褐色，试样表面平整，无肉眼可见的局部腐蚀痕迹。当浸泡时间相同时，介质温度越高浸泡后试样表面颜色越深。

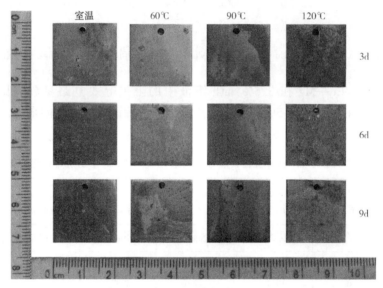

图 6.17　Al—Cu—Mg 合金在不同温度聚磺钻井液中浸泡不同时间后的表面形貌

图 6.18、图 6.19 和图 6.20 分别为 Al—Cu—Mg 合金试样在聚磺钻井液中浸泡 3 天、6 天和 9 天并除膜后的表面形貌对比图。从该三图可见，Al—Cu—Mg 合金试样发生了不同程度的点蚀。当浸泡时间相同时，Al—Cu—Mg 合金表面蚀坑面积、密度随介质温度升高而增大；当介质温度较高或浸泡时间较长时，Al—Cu—Mg 合金表面出现了线性排列的密集蚀坑；当浸泡温度为 120℃且浸泡时间为 9 天时，试样表面的局部蚀坑相互贯通，出现较大较深的蚀坑。

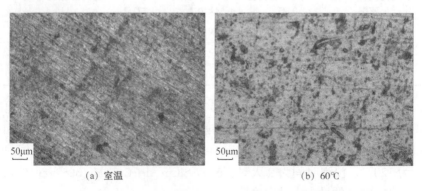

(a) 室温　　　　　　　　　　(b) 60℃

图 6.18　Al—Cu—Mg 合金在聚磺钻井液中浸泡 3 天除膜后的表面形貌

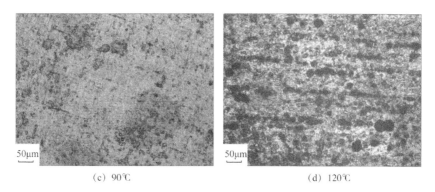

(c) 90℃ 　　　　　　　　　(d) 120℃

图 6.18　Al—Cu—Mg 合金在聚磺钻井液中浸泡 3 天除膜后的表面形貌(续)

(a) 室温 　　　　　　　　　(b) 60℃

(c) 90℃ 　　　　　　　　　(d) 120℃

图 6.19　Al—Cu—Mg 合金在聚磺钻井液中浸泡 6 天并除膜后的表面形貌

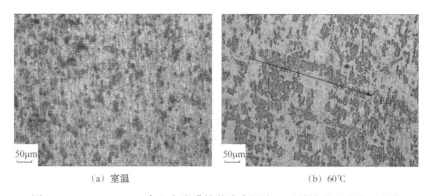

(a) 室温 　　　　　　　　　(b) 60℃

图 6.20　Al—Cu—Mg 合金在聚磺钻井液中浸泡 9 天并除膜后的表面形貌

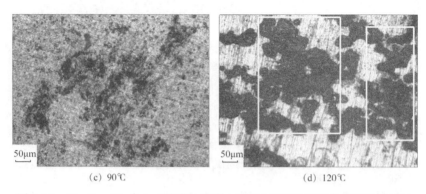

(c) 90℃   (d) 120℃

图 6.20　Al—Cu—Mg 合金在聚磺钻井液中浸泡 9 天并除膜后的表面形貌(续)

图 6.21 为 Al—Cu—Mg 合金试样在聚磺钻井液中浸泡 3 天、6 天和 9 天后最大点蚀深度对比图。当浸泡时间相同时,随聚磺钻井液温度升高 Al—Cu—Mg 合金最大点蚀深度逐渐增大;当聚磺钻井液温度相同时,随浸泡时间增加,Al—Cu—Mg 合金最大点蚀深度增加。当聚磺钻井液温度为 120℃,浸泡时间为 9 天时,Al—Cu—Mg 合金最大点蚀深度为 380μm。

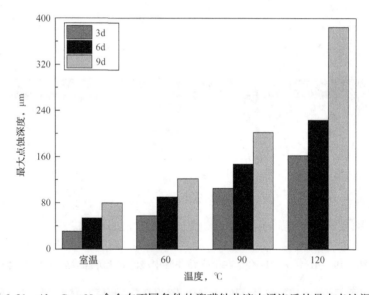

图 6.21　Al—Cu—Mg 合金在不同条件的聚磺钻井液中浸泡后的最大点蚀深度

图 6.22 为 Al—Cu—Mg 合金初始试样和在聚磺钻井液中浸泡不同时间后试样的交流阻抗复平面图。从图 6.22 可见,初始试样呈现单个容抗弧特征。从图 6.22(a)中可见,在浸泡时间为 3 天时,室温、60℃和 90℃三个温度条件下试样阻抗谱均呈现高频容抗弧和低频韦伯阻抗特征,高频容抗弧对应铝合金表面氧化膜层形成的电容,低频区对应的扩散作用引起的韦伯阻抗,说明阴极反应主要发生 O_2 的还原反应,整个电极反应过程受扩散控制;在 120℃时,Al—Cu—Mg 合金试样阻抗谱呈单个容抗弧特征。从表 6.4 中可知,当浸泡时间为 3 天时,试样的极化电阻值随聚磺钻井液温度升高而增大,即当聚磺钻井液温度为 120℃时,试样的极化电阻值最大,为 206100Ω·cm^2。由图 6.22(b)中可见,

在浸泡时间为 6 天时，除聚磺钻井液温度为 60℃时试样阻抗谱呈高频容抗弧和低频韦伯阻抗特征外，其余温度条件下试样阻抗谱均呈单个容抗弧特征；试样极化电阻值随温度升高呈先增大后减小的趋势；当聚磺钻井液温度为 120℃时，试样的极化电阻值明显降低，为182300Ω·cm²，仅略高于在室温聚磺钻井液中浸泡后试样的极化电阻，即在 120℃的高温下试样表面氧化膜的稳定性急剧下降，对试样的保护性能也相应下降。从图 6.22(c) 及表 6.4 可见，在浸泡时间为 9 天时，各温度下浸泡后试样的阻抗谱均呈现单个容抗弧的特征；试样极化电阻值随介质温度的升高呈先增大后减小的趋势。由表 6.4 可知，在 90℃的聚磺钻井液中浸泡后，试样的极化电阻随浸泡时间增加而增加。

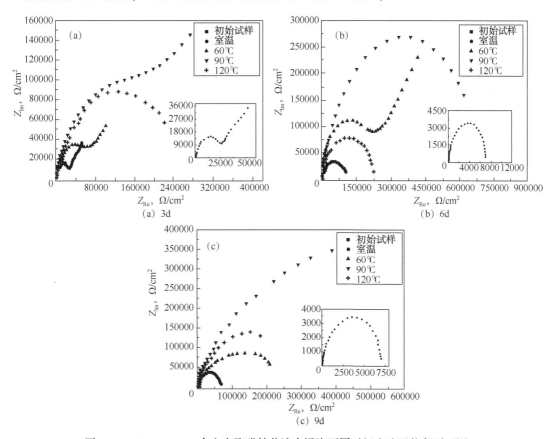

图 6.22　Al—Cu—Mg 合金在聚磺钻井液中浸泡不同时间交流阻抗复平面图

表 6.4　Al—Cu—Mg 合金在不同条件聚磺钻井液中阻抗等效电路参数值

t, d	T,℃	R_s, $\Omega \cdot cm^2$	Q, F/cm^2	R_t, $\Omega \cdot cm^2$	W, $\Omega \cdot cm^2$
空白试样		5.078	9.95×10^{-5}	8197	—
3	室温	5.45	4.33×10^{-6}	22130	8.67×10^{-5}
	60	6.947	1.11×10^{-6}	56180	2.26×10^{-5}
	90	45.21	4.04×10^{-6}	198000	2.06×10^{-5}
	120	17.38	7.63×10^{-6}	206100	—

续表

t, d	T, ℃	R_s, $\Omega \cdot cm^2$	Q, F/cm^2	R_t, $\Omega \cdot cm^2$	W, $\Omega \cdot cm^2$
6	室温	6.666	2.26×10^{-6}	80980	—
	60	13.01	2.56×10^{-7}	196200	7.79×10^{-6}
	90	59.9	2.25×10^{-6}	710500	—
	120	19.55	3.25×10^{-6}	182300	—
9	室温	9.393	7.57×10^{-7}	68530	—
	60	11.66	3.95×10^{-6}	194000	—
	90	41.17	4.51×10^{-6}	726000	—
	120	10.79	3.26×10^{-6}	278300	—

综上，Al—Cu—Mg 合金在聚磺钻井液中也发生了点蚀。当浸泡时间相同时，随聚磺钻井液温度升高 Al—Cu—Mg 合金表面蚀坑密度、尺寸增加；当聚磺钻井液温度为 120℃时，试样表面的蚀坑相互贯通，形成大而深的蚀坑；当腐蚀时间较长时，试样极化电阻随温度升高呈先增大后降低的趋势。在 120℃的聚磺钻井液中浸泡后试样的极化电阻值显著下降，对试样保护性差，与试样在聚磺钻井液中浸泡后观察到的表面形貌变化规律一致。

6.2.2.2　6.5%SiCp/Al—Cu—Mg 在聚磺钻井液中的点蚀行为

图 6.23 为 6.5%SiCp/Al—Cu—Mg 试样在聚磺钻井液中浸泡 3 天、6 天和 9 天后的试样表面形貌对比。试样浸泡后失去了原有的金属光泽，表面呈灰褐色，无肉眼可见的局部腐蚀。当浸泡时间相同时，随聚磺钻井液温度升高试样表面颜色变深。从表面形貌来看，6.5%SiCp/Al—Cu—Mg 复合材料在聚磺钻井液中的整体腐蚀程度较轻微。

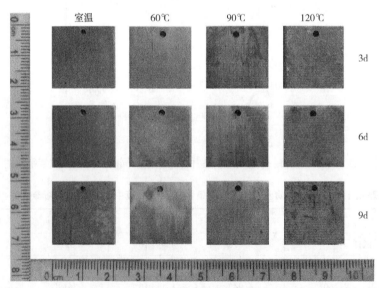

图 6.23　6.5%SiCp/Al—Cu—Mg 在聚磺钻井液中浸泡不同时间后的表面形貌

图 6.24 至图 6.26 分别为 6.5%SiCp/Al—Cu—Mg 试样在聚磺钻井液中浸泡 3 天、6 天和 9 天除膜后的表面形貌对比图。从该三图可见，6.5%SiCp/Al—Cu—Mg 试样浸泡 3 天、

6 天和 9 天后均发生了不同程度的点蚀，这些蚀坑沿挤压方向线性分布。当浸泡时间相同时，随聚磺钻井液温度升高，试样表面蚀坑密度、尺寸逐渐增加。在 120℃ 的聚磺钻井液中浸泡 9 天后试样表面的蚀坑密度大，且蚀坑相互贯通形成了沿挤压方向的蚀坑槽，腐蚀最为严重。

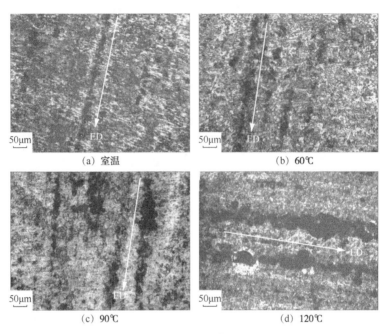

图 6.24　6.5%SiCp/Al—Cu—Mg 在不同温度聚磺钻井液中浸泡 3 天除膜后的表面形貌

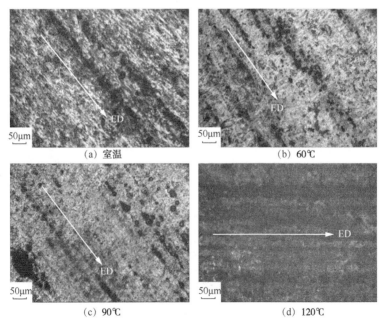

图 6.25　6.5%SiCp/Al—Cu—Mg 在不同温度聚磺钻井液中浸泡 6 天除膜后的表面形貌

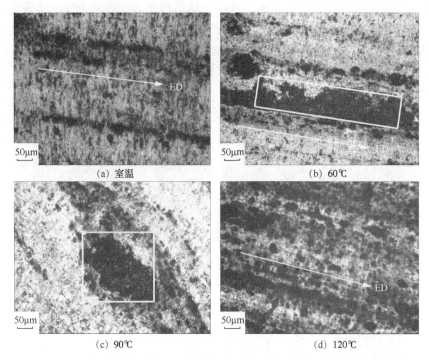

图 6.26　6.5%SiCp/Al—Cu—Mg 在不同温度聚磺钻井液中浸泡 9 天除膜后的表面形貌

　　图 6.27 为 6.5%SiCp/Al—Cu—Mg 试样在聚磺钻井液中浸泡 3 天、6 天和 9 天后的最大点蚀深度对比图。当浸泡时间相同时，试样的最大蚀坑深度随温度升高而增加；当聚磺钻井液温度相同时，随浸泡时间增加，试样表面的最大蚀坑深度也增加。当浸泡时间为 9 天，聚磺钻井液温度为 120℃，试样表面最大蚀坑深度为 320μm，较 Al—Cu—Mg 合金在相同条件下的最大蚀坑深度低 60μm。

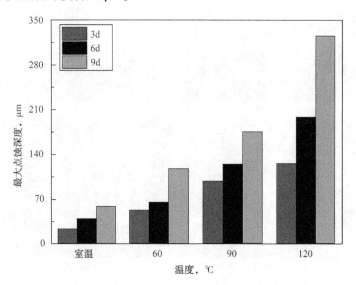

图 6.27　6.5%SiCp/Al—Cu—Mg 在不同条件聚磺钻井液中浸泡后的最大点蚀深度

图 6.28 为 6.5%SiCp/Al—Cu—Mg 初始试样和在聚磺钻井液中浸泡不同时间后的试样的交流阻抗复平面图。由图可见，初始试样呈单个容抗弧特征。从图 6.28(a)可见，当浸泡时间为 3 天时，各温度条件下的阻抗谱均呈单个容抗弧特征。结合表 6.5 可知，试样极化电阻阻抗值由大到小的顺序依次为 60℃、120℃、90℃和室温，即浸泡时间为三天时，在 60℃的聚磺钻井液中浸泡后试样表面的氧化膜保护性能最好，在 120℃的聚磺钻井液中浸泡后试样次之。从图 6.28(b)及表 6.5 可知，当浸泡时间为 6 天时，各温度条件下的阻抗值也均呈单个容抗弧特征，试样极化电阻阻抗值从大到小的顺序依次为 120℃、60℃、90℃和室温，即当浸泡时间为 6 天时，在 120℃的聚磺钻井液中浸泡后的试样表面氧化膜保护性能最好。从图 6.28(c)及表 6.5 可知，当浸泡时间为 9 天时，各温度条件下的阻抗值也均呈单个容抗弧特征，试样极化电阻阻抗值随温度升高而增大。

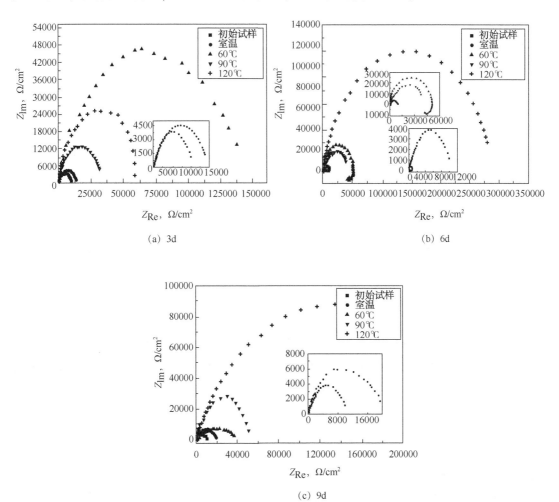

(a) 3d

(b) 6d

(c) 9d

图 6.28　6.5%SiCp/Al—Cu—Mg 在聚磺钻井液中浸泡不同时间后的交流阻抗复平面图

表 6.5　6.5%SiCp/Al—Cu—Mg 复合材料在不同条件聚磺钻井液中阻抗等效电路参数值

t, d	T, ℃	R_s, $\Omega \cdot cm^2$	Q, F/cm^2	R_P, $\Omega \cdot cm^2$	R_L, $\Omega \cdot cm^2$	L, H/cm^2
空白试样		4.6	9.00×10^{-5}	11610	—	—
3	室温	4.338	2.23×10^{-5}	14500	—	—
	60	10.32	1.29×10^{-6}	108500	—	—
	90	15.69	3.90×10^{-5}	34100	—	—
	120	12.92	8.01×10^{-6}	61040	—	—
6	室温	6.049	4.62×10^{-6}	739.8	633.6	1453
	60	9.982	1.25×10^{-6}	51440	95430	831600
	90	12.77	4.89×10^{-5}	46570	—	—
	120	10.11	1.71×10^{-6}	288800	—	—
9	室温	11.74	4.26×10^{-6}	17810	—	—
	60	7.95	1.05×10^{-4}	30900	—	—
	90	11.68	8.17×10^{-6}	62310	—	—
	120	24.99	1.74×10^{-5}	268700	—	—

综上，6.5%SiCp/Al—Cu—Mg 试样在聚磺钻井液中浸泡时有点蚀发生；当浸泡时间相同时，随聚磺钻井液温度升高点蚀坑密度、深度均增加；当浸泡时间为 6 天、9 天时，在 120℃的聚磺钻井液中浸泡后试样表面氧化膜的保护性最好。

6.2.3　Al—Cu—Mg 合金和 6.5%SiCp/Al—Cu—Mg 复合材料点蚀机理探讨

Al—Cu—Mg 合金点蚀的产生主要是由于合金中存在与 α-Al 自腐蚀电位不同的第二相。Al—Cu—Mg 合金中的第二相根据自腐蚀电位不同可分为两类：一类是自腐蚀电位始终低于 α-Al 的第二相；另一类第二相其自腐蚀电位随腐蚀时间变化。图 6.29 为 Al—Cu—Mg 合金在 3.5%NaCl 溶液中浸泡后的点蚀形貌。由图 6.29 中黑色框选区域可见，该区域部分蚀坑中央有少量白色相存在，说明这些白色第二相的自腐蚀电位高于 α-Al 基体，导致白色相周围微区的 α-Al 优先腐蚀，形成蚀坑。图 6.30 为 Al—Cu—Mg 合金在 3.5%NaCl 溶液中浸泡后的扫描电镜照片和局部区域能谱分析结果。图 6.30 中黑色选框区域的能谱结果表明，该微区 Cu 元素含量极高，且没有 Mg 元素存在，结合第 3 章 Al—Cu—Mg 合金的 XRD 分析结果，可认为该黑色选框区域为 θ(CuAl₂) 相。θ(CuAl₂) 相在 3.5%NaCl 溶液中的自腐蚀电位为 -0.70 ~ -0.64V，较 α-Al 高 1V 左右[5,6]，因此，θ 相周围的 α-Al 优先腐蚀，在 θ(CuAl₂) 相周围形成蚀坑。随着反应的进行，该微区的 Cu 元素相对含量逐渐增高，导致该微区自腐蚀电位增高，加速促进其周围 α-Al 基体的腐蚀。

图 6.29 中白色框选区域蚀坑中无第二相颗粒物，原因为：(1)蚀坑中心部位原为 θ(CuAl₂) 相，随 θ(CuAl₂) 相周围 α-Al 基体不断腐蚀，θ(CuAl₂) 相从 α-Al 基体中脱落进入腐蚀介质；(2)原蚀坑中心部位第二相自腐蚀电位低于 α-Al，故原蚀坑中心部位的第二

相较周围的 α-Al 基体先腐蚀而形成蚀坑。图 6.30 中白色选框区域的能谱分析结果表明，该微区含有 Cu 元素、Mg 元素和 Al 元素，结合第 3 章 Al—Cu—Mg 合金的 XRD 分析结果可知，该白色微区为 S(Al_2CuMg) 相。在 3.5%NaCl 溶液中，S(Al_2CuMg) 相初期自腐蚀电位为 -0.94V，比较 α-Al 基体低 1V 左右[5-7]。浸泡初期，S(Al_2CuMg) 相优先腐蚀，由于 S(Al_2CuMg) 相中 Mg 元素较 Al 元素和 Cu 元素活泼，S(Al_2CuMg) 相中 Mg 元素优先被腐蚀，致使残留的 S(Al_2CuMg) 相中 Cu 元素的相对含量逐渐增大，S(Al_2CuMg) 相的自腐蚀电位逐渐正移[8,9]。故在 3.5%NaCl 溶液中，Al—Cu—Mg 合金中的 S(Al_2CuMg) 相及其周边微区、θ($CuAl_2$) 相周边微区是最容易发生腐蚀的区域，如图 6.31 和图 6.32 所示。

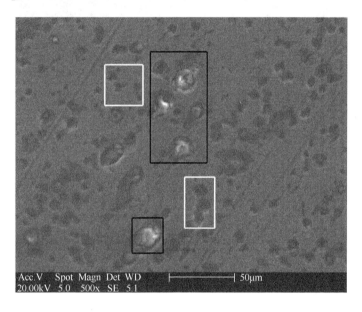

图 6.29　Al—Cu—Mg 合金在 3.5%NaCl 溶液中浸泡后点蚀形貌

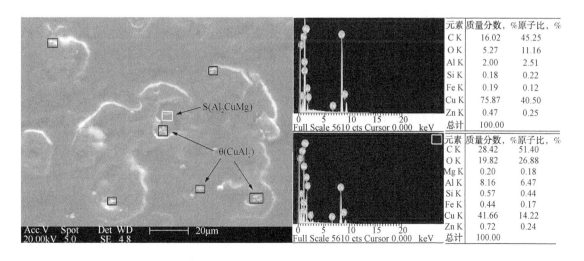

元素	质量分数, %	原子比, %
C K	16.02	45.25
O K	5.27	11.16
Al K	2.00	2.51
Si K	0.18	0.22
Fe K	0.19	0.12
Cu K	75.87	40.50
Zn K	0.47	0.25
总计	100.00	

元素	质量分数, %	原子比, %
C K	28.42	51.40
O K	19.82	26.88
Mg K	0.20	0.18
Al K	8.16	6.47
Si K	0.57	0.44
Fe K	0.44	0.17
Cu K	41.66	14.22
Zn K	0.72	0.24
总计	100.00	

图 6.30　Al—Cu—Mg 合金在 90℃ 下 3.5%NaCl 溶液中浸泡 9 天后点蚀形貌及能谱分析

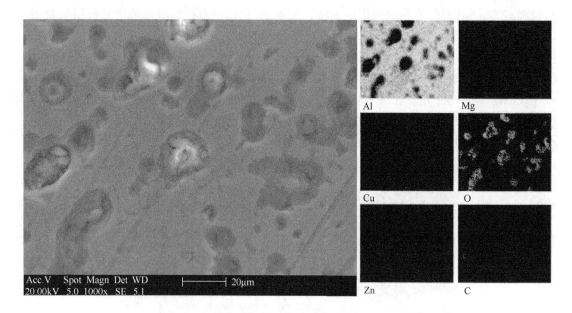

图 6.31　Al—Cu—Mg 合金在 60℃的 3.5%NaCl 溶液中浸泡 9 天后点蚀形貌及能谱分析

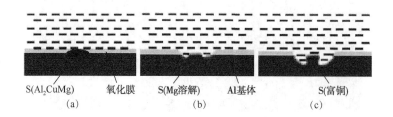

图 6.32　铝合金中 S(Al₂CuMg)相腐蚀过程示意图

除 θ(CuAl₂)相和 S(Al₂CuMg)相外，Al—Cu—Mg 合金还存在少量 T(AlZnMgCu)相。图 6.33和图 6.34 分别是 Al—Cu—Mg 合金在 3.5%NaCl 溶液和聚磺钻井液中腐蚀后的扫描电镜照片和局部区域能谱分析结果。由图 6.33 可见，试样表面存在许多蚀坑，蚀坑中央有一些微小的灰白色颗粒，结合能谱分析结果及第 3 章的物相分析结果知这些灰白色颗粒为T(AlZnMgCu)相。T(AlZnMgCu)相自腐蚀电位较 α-Al 高，在腐蚀过程中作为阴极相促使其周围的 α-Al 基体腐蚀，故 T(AlZnMgCu)相周边的微区也是 Al—Cu—Mg 合金最容易发生点蚀的区域之一。在聚磺钻井液中腐蚀后的 Al—Cu—Mg 试样出现了类似现象（图 6.34）。

由第 3 章可知，加入 SiC 颗粒会改变原 Al—Cu—Mg 合金中第二相的析出。SiC 颗粒表面的 SiO₂氧化层与合金熔体中的 Al 接触，并在接触界面发生反应生成 MgAl₂O₄和 Si。由于 MgAl₂O₄的生成需消耗 Al—Cu—Mg 合金中的 Mg，故 S(Al₂CuMg)相形成困难。反应生成的 Si 可促使 θ(CuAl₂)相形核，故 6.5%SiCp/Al—Cu—Mg 中 θ(CuAl₂)相较 Al—Cu—Mg 合金更均匀、细小。故 6.5%SiCp/Al—Cu—Mg 与 Al—Cu—Mg 合金微观组织的不同，必然导致其在 3.5%NaCl 溶液及聚磺钻井液中腐蚀行为及腐蚀机理不同。

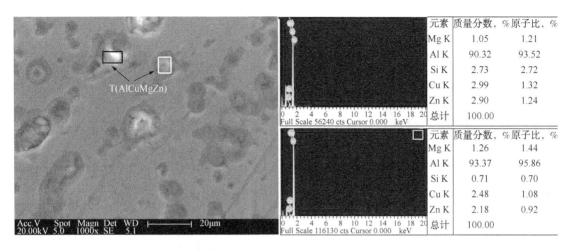

元素	质量分数, %	原子比, %
Mg K	1.05	1.21
Al K	90.32	93.52
Si K	2.73	2.72
Cu K	2.99	1.32
Zn K	2.90	1.24
总计	100.00	

元素	质量分数, %	原子比, %
Mg K	1.26	1.44
Al K	93.37	95.86
Si K	0.71	0.70
Cu K	2.48	1.08
Zn K	2.18	0.92
总计	100.00	

图 6.33　Al—Cu—Mg 合金在 60℃ 的 3.5%NaCl 溶液中浸泡 9 天后点蚀形貌及能谱分析

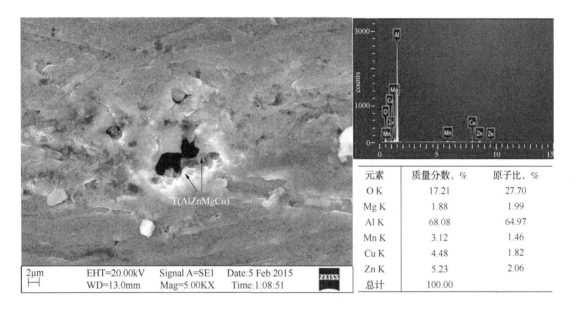

元素	质量分数, %	原子比, %
O K	17.21	27.70
Mg K	1.88	1.99
Al K	68.08	64.97
Mn K	3.12	1.46
Cu K	4.48	1.82
Zn K	5.23	2.06
总计	100.00	

图 6.34　Al—Cu—Mg 合金在室温下聚磺钻井液中浸泡 6 天后点蚀形貌及能谱分析

　　Al/SiO$_2$(SiC)界面生成的 MgAl$_2$O$_4$ 不导电，也不会与周围的 α-Al 基体形成电偶。细小且弥散分布的 θ(CuAl$_2$)自腐蚀电位较 α-Al 基体高，导致其周边微区的 α-Al 基体优先腐蚀，如图 6.35 至图 6.38 所示。除此之外，在 Al—Cu—Mg 合金中加入 SiC 颗粒后，由于 SiC 颗粒强度高，在挤压过程中难以变形，SiC 颗粒周围位错密度大，易形成应力集中。当应力集中达到一定程度时，导致 SiC 颗粒与基体界面或周围的一个小微区内产生微裂纹（图 6.39）。SiC 颗粒热膨胀系数约为 $3×10^{-6}K^{-1}$，铝合金的热膨胀系数约为 $23×10^{-6}K^{-1}$[10]，热挤压成形时由于两者热膨胀系数不同产生热应力，也会导致复合材料内部开裂。当 6.5%SiCp/Al—Cu—Mg 与 NaCl 溶液接触时，Cl$^-$ 进入微裂纹中与 Al 发生反应，使裂纹不断扩大、加深（图 6.40）。

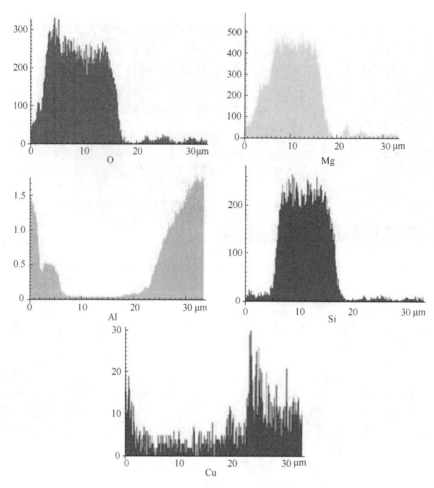

图 6.35　6.5%SiCp/Al—Cu—Mg 复合材料在 120℃下 3.5%NaCl 溶液中浸泡 9 天后点蚀形貌及能谱分析

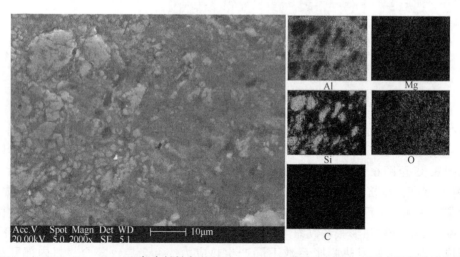

图 6.36　6.5%SiCp/Al—Cu—Mg 复合材料在室温下 3.5%NaCl 溶液中浸泡 9 天后点蚀形貌及能谱分析

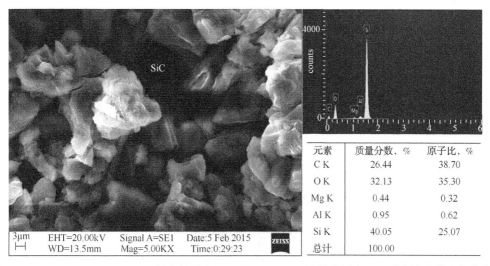

元素	质量分数，%	原子比，%
C K	26.44	38.70
O K	32.13	35.30
Mg K	0.44	0.32
Al K	0.95	0.62
Si K	40.05	25.07
总计	100.00	

图 6.37　6.5%SiCp/Al—Cu—Mg 复合材料在 90℃下 3.5%NaCl 溶液中浸泡 6 天后点蚀形貌及能谱分析

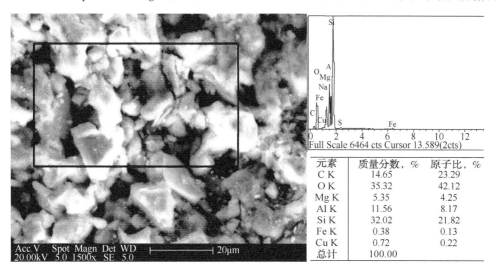

元素	质量分数，%	原子比，%
C K	14.65	23.29
O K	35.32	42.12
Mg K	5.35	4.25
Al K	11.56	8.17
Si K	32.02	21.82
Fe K	0.38	0.13
Cu K	0.72	0.22
总计	100.00	

图 6.38　6.5%SiCp/Al—Cu—Mg 复合材料在 120℃下 3.5%NaCl 溶液中浸泡 9 天后点蚀形貌及能谱分析

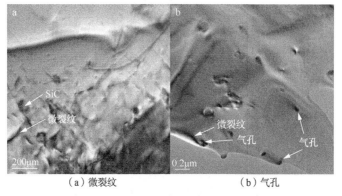

（a）微裂纹　　　　　　（b）气孔

图 6.39　SiCp/Al—Cu—Mg 复合材料的透射电子显微镜形貌图

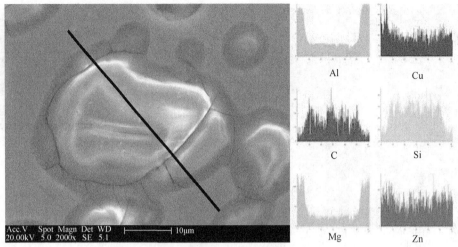

图 6.40　SiCp/Al—Cu—Mg 复合材料在 90℃的 3.5%NaCl 溶液中浸泡 9 天后点蚀形貌及能谱分析

6.3　Al—Cu—Mg 合金与 6.5%SiCp/Al—Cu—Mg 复合材料晶间腐蚀行为研究

晶间腐蚀试验方法参考国家标准 GB/T 7998—2005《铝合金晶间腐蚀测定方法》[11]中的试验方法进行，试样尺寸为 40mm×20mm×5mm，试验介质为 57g NaCl 加入 1L 去离子水配成溶液，然后每升溶液中再加入密度为 1.10g/mL 的 H_2O_2 配制成腐蚀介质，试验时间为 6h，温度分别为 35℃、60℃、90℃和 120℃。腐蚀后试样用水洗净，吹干，然后在垂直主变形方向的一端切去 5mm 后进行磨制和抛光（防止倒角），最后采用 XJG-05 型金相显微镜观察并测量其最大晶间腐蚀深度。

6.3.1　Al—Cu—Mg 合金晶间腐蚀行为

图 6.41 为 Al—Cu—Mg 合金在 35℃条件下的 NaCl+H_2O_2 溶液中腐蚀后的晶间腐蚀形貌图。由图可见，试样表面几乎未发生腐蚀，根据 GB/T 7998—2005《铝合金晶间腐蚀测定方法》[11]中晶间腐蚀等级表（表 6.6）确定其晶间腐蚀等级为 1 级。

图 6.41　Al—Cu—Mg 铝合金在 35℃下的 NaCl+H_2O_2 溶液中腐蚀后的晶间腐蚀形貌图

表 6.6 铝合金晶间腐蚀等级表[11]

级别	晶间腐蚀最大深度，mm	级别	晶间腐蚀最大深度，mm
1	≤0.01	4	>0.10~0.30
2	>0.01~0.03	5	>0.30
3	>0.03~0.10		

图 6.42 为 Al—Cu—Mg 合金在 60℃的 NaCl+H$_2$O$_2$ 溶液中腐蚀后的晶间腐蚀形貌图。由图可见，试样边缘局部区域发生了晶间腐蚀，其深度约为 67.92μm，据表 6.8 确定其晶间腐蚀等级为 3 级。

图 6.42 Al—Cu—Mg 合金在 60℃下的 NaCl+H$_2$O$_2$ 溶液中腐蚀后的晶间腐蚀形貌图

图 6.43 为 Al—Cu—Mg 合金在 90℃的 NaCl+H$_2$O$_2$ 溶液中腐蚀后的晶间腐蚀形貌图。由图可见，其晶间腐蚀发生的范围及深度均较 60℃增加，其腐蚀深度达到了 158.49μm，晶间腐蚀等级达到了 4 级。

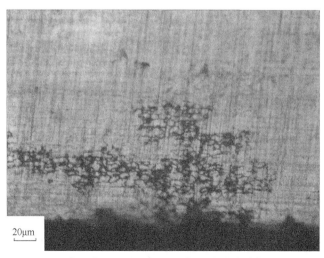

图 6.43 Al—Cu—Mg 合金在 90℃下的 NaCl+H$_2$O$_2$ 溶液中腐蚀后的晶间腐蚀形貌图

图 6.44 为 Al—Cu—Mg 合金在 120℃的 NaCl+H₂O₂溶液中腐蚀后的晶间腐蚀形貌图。由图可见，晶间腐蚀几乎布满了整个视场，其腐蚀深度超过了 300μm，晶间腐蚀等级达到了 5 级。

图 6.44　Al—Cu—Mg 合金在 120℃下的 NaCl+H₂O₂溶液中腐蚀后的晶间腐蚀形貌图

综上，Al—Cu—Mg 合金的晶间腐蚀敏感性随温度升高而增加，特别是在高温条件下，晶间腐蚀程度较为严重，危害性较大。

6.3.2　6.5%SiCp/Al—Cu—Mg 复合材料晶间腐蚀行为

图 6.45 为 6.5%SiCp/Al—Cu—Mg 复合材料在 35℃的 NaCl+H₂O₂溶液中腐蚀后的晶间腐蚀形貌图。由图可见，试样表面看不到明显的晶间腐蚀痕迹，几乎未发生腐蚀，晶间腐蚀级别为 1 级，说明在低温条件下 6.5%SiCp/Al—Cu—Mg 复合材料耐晶间腐蚀性能较好。

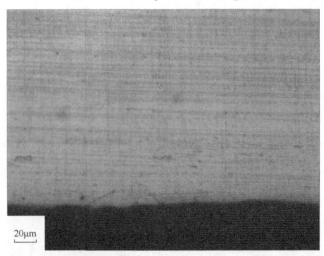

图 6.45　6.5%SiCp/Al—Cu—Mg 复合材料在 35℃下的 NaCl+H₂O₂溶液中腐蚀后的晶间腐蚀形貌图

图 6.46 为 6.5%SiCp/Al—Cu—Mg 复合材料在 60℃的 NaCl+H₂O₂溶液中腐蚀后的晶间腐蚀形貌图。由图可见，试样边缘局部区域发生了晶间腐蚀，且被腐蚀的晶界数目较小，

密度较低，只有几条明显的晶界腐蚀痕迹存在，但其腐蚀深度达到了 113.21μm，晶间腐蚀级别为 4 级。

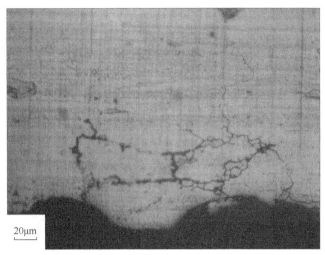

图 6.46　6.5%SiCp/Al—Cu—Mg 复合材料在 60℃下的 NaCl+H$_2$O$_2$溶液中腐蚀后的晶间腐蚀形貌图

　　图 6.47 为 6.5%SiCp/Al—Cu—Mg 复合材料在 90℃的 NaCl+H$_2$O$_2$溶液中腐蚀后的晶间腐蚀形貌图。由图可见，试样局部区域发生了晶间腐蚀，与 60℃时试样的晶间腐蚀形貌图对比，发现其晶间腐蚀范围无明显增加但晶界被腐蚀的区域比较宽；晶间腐蚀深度达到了 260.38μm，较 60℃时的晶间腐蚀深度显著增加；晶间腐蚀级别为 4 级。

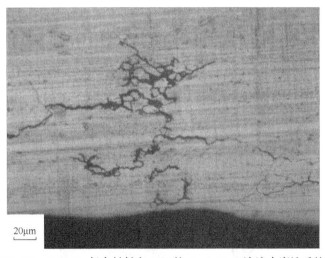

图 6.47　6.5%SiCp/Al—Cu—Mg 复合材料在 90℃的 NaCl+H$_2$O$_2$溶液中腐蚀后的晶间腐蚀形貌图

　　图 6.48 为 6.5%SiCp/Al—Cu—Mg 复合材料在 120℃的 NaCl+H$_2$O$_2$溶液中腐蚀后的晶间腐蚀形貌图。由图可见，此温度下发生晶间腐蚀的范围较 90℃时有所扩大，且部分区域的晶界被腐蚀宽度也较 90℃时更大，其腐蚀深度约为 271.70μm，晶间腐蚀级别为 4 级，说明在 90℃以上，温度的升高对复合材料发生晶间腐蚀的范围扩展有一定的促进作用，但对其深度的影响作用不明显。总体而言，6.5%SiCp/Al—Cu—Mg 复合材料在 120℃条件下

有较为明显的晶间腐蚀敏感性。

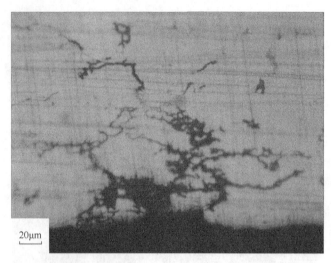

图 6.48　6.5%SiCp/Al—Cu—Mg 复合材料在 120℃的 NaCl+H$_2$O$_2$溶液中腐蚀后的晶间腐蚀形貌图

6.3.3　Al—Cu—Mg 合金与 6.5%SiCp/Al—Cu—Mg 复合材料耐晶间腐蚀性能对比及机理探讨

6.5%SiCp/Al—Cu—Mg 复合材料与 Al—Cu—Mg 合金在不同温度下的晶间腐蚀深度如图 6.49 所示。当介质温度为 60℃和 90℃时，6.5%SiCp/Al—Cu—Mg 最大晶间腐蚀深度大于 Al—Cu—Mg 合金；当介质温度为 120℃时，6.5%SiCp/Al—Cu—Mg 复合材料的最大晶间腐蚀深度小于 Al—Cu—Mg 合金。当介质温度为 60℃、90℃和 120℃时，6.5%SiCp/Al—Cu—Mg 复合材料晶间腐蚀密度均远小于 Al—Cu—Mg 合金。

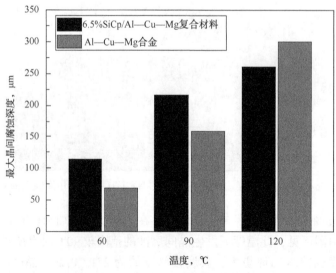

图 6.49　6.5%SiCp/Al—Cu—Mg 复合材料和 Al—Cu—Mg 合金
在 NaCl+H$_2$O$_2$溶液中晶间腐蚀深度对比图

6.5%SiCp/Al—Cu—Mg 复合材料和 Al—Cu—Mg 合金在 NaCl+H$_2$O$_2$ 溶液中的晶间腐蚀行为既有共同点也有差异。对比相同温度下 6.5%SiCp/Al—Cu—Mg 复合材料和 Al—Cu—Mg 合金的晶间腐蚀形貌，发现当介质温度为 35℃时，两种材料均没有明显的晶间腐蚀迹象；当介质温度为 60℃和 90℃时，Al—Cu—Mg 合金被腐蚀的晶界较多，但晶界被腐蚀的区域相对较窄；6.5%SiCp/Al—Cu—Mg 复合材料被腐蚀的晶界较少，但是被腐蚀的晶界区域较宽，形成了比较宽的晶间腐蚀带隙形貌。

晶间腐蚀的产生是由于晶界与晶粒内部的成分有偏差，使晶界较晶粒本身更容易被腐蚀。Al—Cu—Mg 合金中存在 θ(CuAl$_2$)相、S(Al$_2$CuMg)相和 T(AlZnMgCu)相等第二相，这些第二相与 α-Al 基体不共格，所以这些第二相与 α-Al 基体的界面能高，形核功也高。为减小形核功，第二相常在晶界处形核，从而导致其附近的晶界处出现溶质贫化区，如 θ(CuAl$_2$)相、S(Al$_2$CuMg)相的析出必然会使周围区域 Cu 元素含量明显降低，从而该区域自腐蚀电位降低。铝合金的腐蚀最容易从第二相本身或其周围溶质贫化区开始发生。晶间腐蚀首先表现为点蚀，随着腐蚀反应的进行，这些发生点蚀的区域就会逐渐沿晶界连通形成腐蚀通道，然后逐渐发展成为晶间腐蚀[12]。李荻等[13]在进行 LY12 铝合金晶间腐蚀的模拟试验研究中发现，晶间腐蚀是由沿晶界偏析的 θ(CuAl$_2$)相、S(Al$_2$CuMg)相与贫 Cu 区所组成的多电极体系引起的。

在 6.5%SiCp/Al—Cu—Mg 复合材料中由于 SiC 颗粒的加入在一定程度上抑制了 S(Al$_2$CuMg)相的析出且对析出的 θ(CuAl$_2$)相起到了细化作用，所以 6.5%SiCp/Al—Cu—Mg 复合材料中第二相的尺寸和密度明显小于 Al—Cu—Mg 合金，故 6.5%SiCp/Al—Cu—Mg 晶间腐蚀的密度较低、总面积较小。6.5%SiCp/Al—Cu—Mg 被腐蚀的晶界较宽，这是因为复合材料中晶界处除了第二相和溶质贫化区容易发生腐蚀外，SiC 颗粒周围也是比较容易发生腐蚀的区域。SiC 颗粒也容易在晶界处分布或聚集，加之 SiC 颗粒尺寸较大，所以腐蚀的晶界区域较宽。

综上，6.5%SiCp/Al—Cu—Mg 复合材料晶间腐蚀密度较 Al—Cu—Mg 合金低，高温下的最大晶间腐蚀深度也小于 Al—Cu—Mg 合金，所以 SiC 颗粒的加入起到了提高和改善其耐晶间腐蚀性能的作用。

参 考 文 献

[1] JB/T 7901—1999 金属材料实验室均匀腐蚀全浸试验方法[S].

[2] GB/T 20659—2017 石油天然气工业 铝合金钻杆[S].

[3] 曹楚南. 腐蚀电化学原理[M]. 北京：化学工业出版社，2008.

[4] 曹楚南，张鉴清. 电化学阻抗谱导论[M]. 北京：科学出版社，2002.

[5] 朱立群，谷岸，刘慧丛，等. 典型高强铝合金材料的点腐蚀坑前缘特征的研究[J]. 航空材料学报，2008，28(6)：61-66.

[6] 李劲风，郑子樵，任文达. 第二相在铝合金局部腐蚀中的作用机制[J]. 材料导报，2005，19(2)：81-83.

[7] Li J F, Ziqiao Z, Na J, et al. Localized Corrosion Mechanism of 2×××-series Al Alloy Containing S(Al$_2$CuMg) and θ'(Al$_2$Cu) Precipitates in 4.0% NaCl Solution at pH 6.1[J]. Materials Chemistry and Physics, 2005, 91(2)：325-329.

［8］ Ren W D, Li J F, Zheng Z Q, et al. Localized Corrosion Mechanism Associated with Precipitates Containing Mg in Al Alloys［J］. Transactions of Nonferrous Metals Society of China, 2007, 17(4)：727-732.

［9］ Shao M, Fu Y, Hu R, et al. A study on Pitting Corrosion of Aluminum Alloy 2024-T3 by Scanning Microreference Electrode Technique［J］. Materials Science and Engineering：A, 2003, 344(1)：323-327.

［10］ 李凤珍, 韩媛媛, 章德铭. 冷却速度对 SiCp/2024Al 热残余应力影响的数值模拟［J］. 哈尔滨理工大学学报, 2004, 9(6)：64-68.

［11］ GB/T 7998—2005　铝合金晶间腐蚀测定方法［S］.

［12］ 苏景新, 张昭, 曹发和, 等. 铝合金的晶间腐蚀与剥蚀［J］. 中国腐蚀与防护学报, 2005, 25(3)：187-192.

［13］ 李荻, 张琦, 王弟珍, 等. LY12cz 铝合金晶间腐蚀模拟试验研究［J］. 北京航空航天大学学报, 1998, 24(1)：1-4.

7 双端内加厚铝合金钻杆挤压成形

铝合金钻杆通常采用带内螺纹的钢接头与带外螺纹的铝合金管进行组装连接。为保证接头强度，铝合金管体端部需进行内、外加厚处理[1,2]，ISO 15546：2011[3]中双端内加厚铝合金钻杆管体的几何形貌图如图7.1所示，为一轴向变截面圆管。

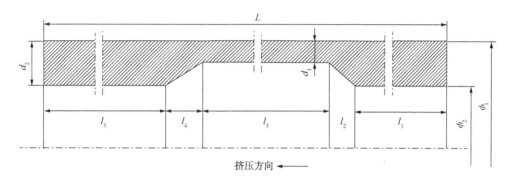

图 7.1　铝合金钻杆管体几何形貌图

俄罗斯、美国均采用挤压空心铸锭的方式一次成形变截面铝合金管[4-6]。Negendank等[4]通过不泄压后退穿孔针的方式，挤压制备了外径不变、内径平缓过渡的轴向变截面管。国内徐静等[7]采用与俄罗斯相似的工艺[5]，通过调整具有特殊形状的穿孔针位置及穿孔针运动方向，可一次成形双端内加厚铝合金管。曹宇[8]采用相似的工艺也实现了双端内加厚铝合金钻杆的一次挤压成形，并研究了挤压过程中单端加厚段及过渡段的几何形貌。王小红等[9]提出了一种"内径不变两端壁厚增大管材的挤压装置及挤压方法"，可有效解决国内外现有挤压成形工艺生产变截面铝合金管生产工艺复杂等问题。

针对内加厚铝合金钻杆的挤压成形，尽管从相关文献可以知道俄罗斯的主要挤压参数（挤压温度380~420℃，挤压速度1.8~3.5mm/s），但国内尚无相关文献系统研究挤压成形工艺参数及工具和模具尺寸参数对挤压成形双端内加厚铝合金钻杆管体成形质量的影响。

7.1　工模具优化模拟

本节采用数值模拟的方式从ϕ73mm双端内加厚7075铝合金钻杆一次挤压成形中应力云图、等效应变分布及成形后管体外表面损伤因子、动态再结晶百分数及动态再结晶晶粒平均尺寸在轴向上的差距、外径偏差、壁厚偏差，比较分析穿孔针锥形段长度、挤压模的类型、模角对管体成形质量的影响，并得到 ϕ73mm 双端内加厚 7075 铝合金钻杆的挤压成形的优化工模具几何形貌。

7.1.1　穿孔针锥形段长度

本节分别模拟采用模角 60° 的平锥模，挤压比为 25、挤压温度 380℃，挤压速度为1.12mm/s 的挤压工艺，当穿孔针锥形段长度分别为 6.25mm，12.5mm，18.75mm 和25mm 时，ϕ73mm 双端内加厚 7075 铝合金钻杆的一次挤压成形过程，对比得到穿孔针锥形段长度对管体后端成形过程中应力、管体上外表面等效应变、损伤、动态再结晶百分数、动态再结晶晶粒平均尺寸及外径偏差、壁厚偏差等成形质量的影响，优化穿孔针锥形段长度。

7.1.1.1　穿孔针锥形段长度对应力分布的影响

穿孔针锥形段长度的变化引起管体成形时坯料上应力分布的变化。不同穿孔针锥形段长度下，ϕ73mm 双端内加厚 7075 铝合金钻杆管体后端过渡段成形时坯料上应力分布云图如图 7.2 所示。从图可见，当穿孔针锥形段长度分别为 6.25mm，12.5mm，18.75mm 和25mm 时，定径带内坯料外表面最大主应力分别达到 56.2MPa，50.1MPa，71.2MPa 和60.2MPa，最大轴向拉应力分别达到 55.9MPa，49.5MPa，70.6MPa 和 58.2MPa，最大主应力与轴向拉应力的比值分别为 1.005，1.011，1.032 和 1.034，即随着穿孔针锥形段长度的增加，管体外表面最大主应力与轴向拉应力的比值不断增加。挤压模锥形面内靠近定径带位置的坯料外表面径向压应力分别达到 227MPa，208MPa，229MPa 和 184MPa，内表面径向压应力分别达到 151MPa，139MPa，57.1MPa 和 61.4MPa，外表面径向压应力与内表面径向压应力差值分别为 76MPa，69MPa，172MPa 和 123MPa。即随着穿孔针锥形段长度的增加，管体后端过渡段成形时径向压应力先减小后增加，当穿孔针锥形段长度为12.5mm 时最小。

7.1.1.2　穿孔针锥形段长度对等效应变的影响

穿孔针锥形段长度的变化对管体等效应变的影响主要表现在管体后端过渡段。不同穿孔针锥形段下 ϕ73mm 双端内加厚 7075 铝合金钻杆管体外表面等效应变分布曲线如图 7.3所示。从图中可见，穿孔针锥形段长度分别为 6.25mm，12.5mm，18.75mm 和 25mm 时，管体后端外表面等效应变最小值分别为 5.116mm/mm，5.044mm/mm，5.041mm/mm 和4.797mm/mm，管体后端外表面的等效应变最大值分别为 5.220mm/mm，5.099mm/mm，5.110mm/mm 和 4.967mm/mm，管体后端外表面等效应变最大值与最小值的差值分别为0.104mm/mm，0.055mm/mm，0.069mm/mm 和 0.17mm/mm，即随着穿孔针锥形长度的增加，管体后端外表面的等效应变减小，等效应变最大值、最小值的差值先减小后增加，当穿孔针锥形段长度为 25mm 时最大。

穿孔针锥形段长度 mm	最大主应力	轴向应力	径向应力
6.25	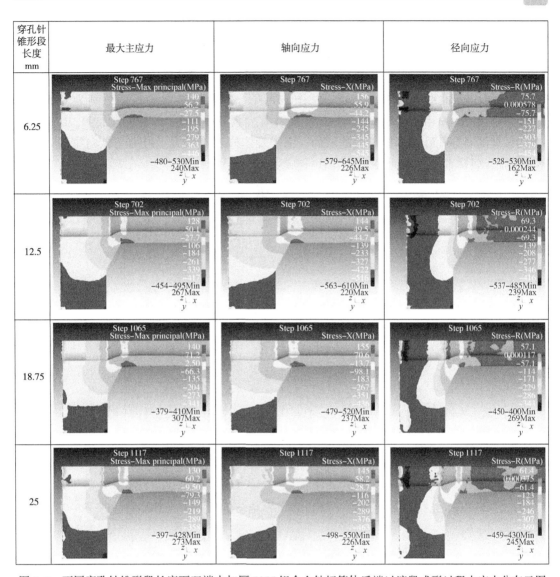		
12.5			
18.75			
25			

图 7.2 不同穿孔针锥形段长度下双端内加厚 7075 铝合金钻杆管体后端过渡段成形过程中应力分布云图

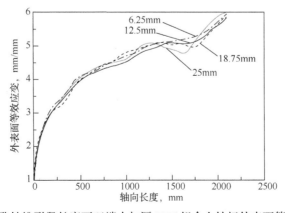

图 7.3 不同穿孔针锥形段长度下双端内加厚 7075 铝合金钻杆外表面等效应变分布曲线

7.1.1.3 穿孔针锥形段长度对损伤的影响

穿孔针锥形段长度的不同引起管体后端过渡段等效应变的变化，从而造成管体外表面损伤因子的差异。不同穿孔针锥形长度下 $\phi 73$mm 双端内加厚 7075 铝合金钻杆管体外表面的损伤因子分布曲线如图 7.4 所示。从图中可见，穿孔针锥形段长度分别为 6.25mm，12.5mm，18.75mm 和 25mm 时，管体外表面最大损伤因子为 0.376，0.399，0.546 和 0.579。即随着穿孔针锥形段长度的增加，由于管体外表面最大主应力与轴向拉应力比值不断增加，管体前端外表面最大损伤因子也逐渐增加。

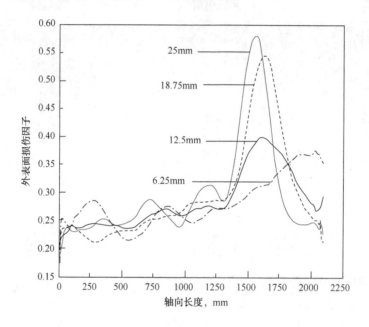

图 7.4　不同穿孔针锥形段长度下双端内加厚 7075 铝合金钻杆管体外表面损伤因子分布曲线

7.1.1.4 穿孔针锥形段对动态再结晶的影响

穿孔针锥形段长度变化引起管体后端过渡段外表面等效应变的不同，从而引起管体后端过渡段动态再结晶情况的差异。不同穿孔针锥形段长度下 $\phi 73$mm 双端内加厚 7075 铝合金钻杆管体外表面动态再结晶百分数及动态再结晶晶粒平均尺寸分布曲线如图 7.5 所示。从图中可见，穿孔针锥形段长度的变化主要引起管体后端外表面动态再结晶百分数的变化，而对动态再结晶晶粒平均尺寸的影响几乎可以忽略。穿孔针锥形段长度分别为 6.25mm，12.5mm，18.75mm 和 25mm 时，管体后端过渡段外表面动态再结晶百分数最大值分别为 25.529%，23.130%，23.790% 和 20.004%，动态再结晶百分数最小值分别为 24.364%，18.197%，15.804% 和 12.662%，管体前端外表面动态再结晶百分数最大值与最小值的差值分别为 1.165%，4.933%，7.986% 和 7.342%。即随着穿孔针锥形段长度的增加，后端过渡段外表面等效应变的减小及轴向差距的增大使外表面动态再结晶百分数减小，且轴向动态再结晶百分数差异增大。

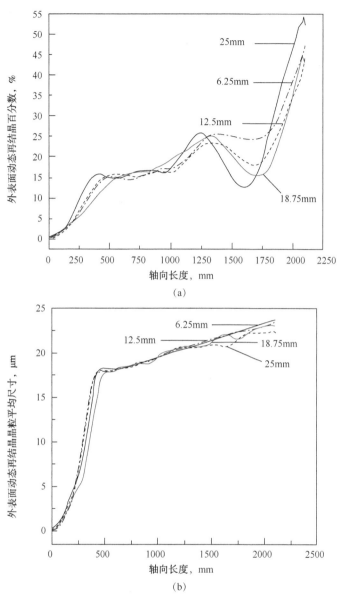

(a)

(b)

图 7.5　不同穿孔针锥形段长度下双端内加厚 7075 铝合金钻杆管体外表面动态再结晶百分数(a)
及动态再结晶晶粒平均尺寸分布曲线(b)

7.1.1.5　穿孔针锥形段长度对管体尺寸偏差的影响

穿孔针锥形段长度的变化引起管体成形时挤压模锥形面内坯料径向压应力差的不同,
从而引起管体外径偏差的差异。不同穿孔针锥形段长度下 ϕ73mm 双端内加厚 7075 铝合金
钻杆管体外径偏差分布曲线如图 7.6 所示。从图中可见,当穿孔针锥形段长度分别为
6.25mm,12.5mm,18.75mm 和 25mm 时,管体外径偏差最大值分别为 2.789%,2.732%,
4.169% 和 2.951%。当穿孔针锥形段长度为 12.5mm 时,由于挤压模锥形面内靠近定径带
的坯料金属内外表面的径向压应力差绝对值最小,因此其外径偏差最小。

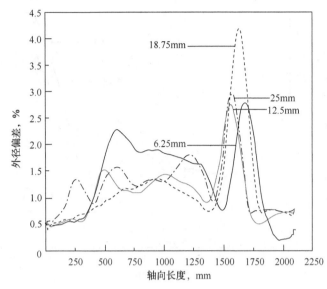

图 7.6　不同穿孔针锥形段长度下双端内加厚 7075 铝合金钻杆管体外径偏差分布曲线

　　穿孔针锥形段长度的变化引起管体成形时挤压模锥形面内坯料径向压应力及径向压应力差的不同，从而引起管体壁厚偏差的差异。当管体材料为 7075 铝合金时，不同穿孔针锥形段长度下管体壁厚偏差分布曲线如图 7.7 所示。从图中可见，当穿孔针锥形段长度分别为 6.25mm，12.5mm，18.75mm 和 25mm 时，管体最大壁厚偏差分别为 12.503%，7.159%，8.664%和 7.263%。即当穿孔针锥形段长度为 6.25mm 时，挤压模锥形面内靠近定径带的坯料金属外表面及内表面径向压应力都较大，且内外表面径向压应力差较大，因此管体壁厚偏差最大；当穿孔针锥形段长度为 12.5mm 时，挤压模锥形面内靠近定径带的坯料金属内外表面径向压应力差最小，因此其壁厚偏差最小。

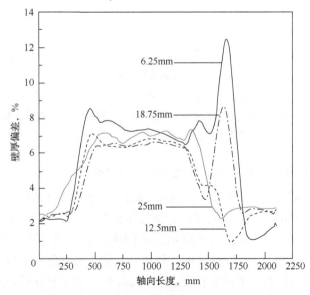

图 7.7　不同穿孔针锥形段长度下双端内加厚 7075 铝合金钻杆管体壁厚偏差分布曲线

综上，对于双端内加厚 7075 铝合金钻杆管体的一次挤压成形，穿孔针锥形段长度的变化对管体成形的影响主要表现在对管体后端过渡段成形的影响。随着穿孔针锥形段长度的增加，管体成形时定径带内金属外表面最大主应力与轴向拉应力比值的增加，外表面损伤因子的增加；管体后端过渡段等效应变减小，外表面动态再结晶百分数减小、动态再结晶百分数在轴向上的差距增大；当穿孔针锥形段长度为 12.5mm 时，管体的外径偏差及壁厚偏差最小，综合而言，当穿孔针锥形段长度为 12.5mm 时，管体的整体成形质量最好。

7.1.2　挤压模类型及模角

本节分别模拟采用锥形段长度为 12.5mm 的穿孔针，挤压比为 25、挤压温度 380℃，挤压速度为 1.12mm/s 的挤压工艺，当挤压模分别为 60°，63°和 65°的平锥模及模角为 60°的锥形模时，φ73mm 双端内加厚 7075 铝合金钻杆的一次挤压成形过程，对比得到挤压模的类型及模角对管体后端成形过程中应力、管体上外表面等效应变、损伤、动态再结晶百分数、动态再结晶晶粒平均尺寸及外径偏差、壁厚偏差等成形质量的影响，优化挤压模的类型及模角。

7.1.2.1　挤压模的类型及模角对应力分布的影响

挤压模的类型及模角变化引起管体后端过渡段成形时铸锭上应力分布的差异。不同挤压模的类型及模角下 φ73mm 双端内加厚 7075 铝合金钻杆管体后端过渡段成形时坯料上应力分布云图如图 7.8 所示。从图中可见，当采用模角为 60°，63°和 65°的平锥模及模角为 60°的锥形模时，定径带内坯料外表面最大主应力分别达到 50.1MPa，27.6MPa，40.0MPa 和 53.7MPa，最大轴向拉应力分别达到 49.5MPa，27.5MPa，39.4MPa 和 52.6MPa，最大主应力与轴向应力的比值分别为 1.012，1.004，1.016 和 1.022。同一模角下，相对平锥模，使用锥形模时管体外表面最大主应力与轴向应力的比值明显较大；对于平锥模，随着模角的增加，管体外表面最大主应力与轴向应力的比值先减小后增加。当采用模角为 60°，63°和 65°的平锥模及模角为 60°的锥形模时，挤压模锥形面内靠近定径带位置的坯料外表面径向压应力分别达到 208MPa，214MPa，219MPa 和 206MPa，内表面径向压应力分别达到 139MPa，143MPa，146MPa 和 137MPa，外表面径向压应力与内表面径向压应力差值分别为 79MPa，71MPa，73MPa 和 69MPa。当模角同为 60°时，相较平锥模，使用锥形模时后端过渡段成形时径向压应力差减小；当使用平锥模时，随着模角的增加，管体后端过渡段成形时径向压应力差先减小后增加。

7.1.2.2　挤压模类型及模角对等效应变的影响

挤压模类型及模角的变化引起管体外表面等效应变的差异。不同挤压模类型及模角下 φ73mm 双端内加厚 7075 铝合金管体外表面等效应变分布曲线如图 7.9 所示。从图可见，挤压模分别为模角 60°，63°和 65°的平锥模及模角 60°的锥形模时，管体外表面前端等效应变最大值分别为 3.703mm/mm，3.781mm/mm，3.807mm/mm 和 3.569mm/mm，管体外表面后端的等效应变最大值分别为 5.868mm/mm，5.871mm/mm，5.952mm/mm 和 6.698mm/mm，

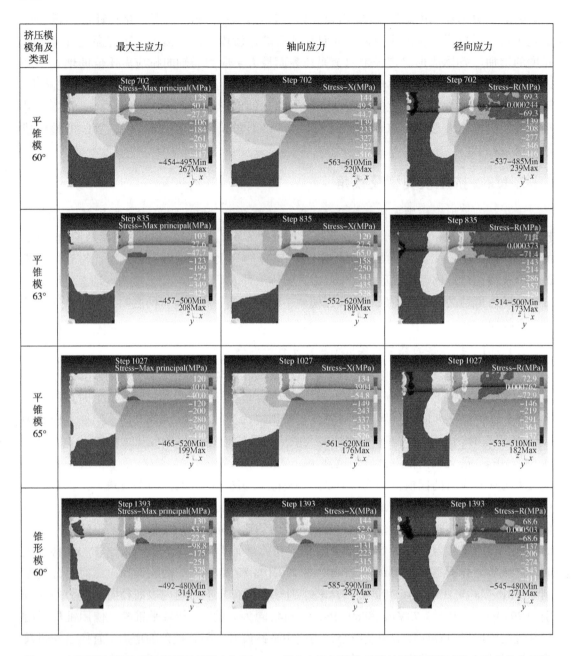

图 7.8　不同挤压模类型及模角下双端内加厚 7075 铝合金钻杆管体后端过渡段成形过程中应力分布云图

管体外表面等效应变最大值与最小值的差值分别为 2.165mm/mm，2.090mm/mm，2.145mm/mm 和 3.129mm/mm，即同模角下，相较锥形模，使用平锥模时管体外表面的等效应变增加，在轴向上的差值增加；使用平锥模时，随着模角的增加，管体后端外表面的等效应变增加，轴向上等效应变差值先减小后增加。即使用模角为 63° 的平锥模时管体外表面等效应变在轴向上的差值最小。

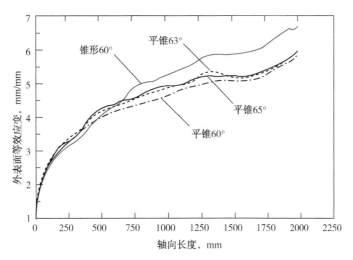

图 7.9　不同挤压模类型及模角下双端内加厚 7075 铝合金钻杆管体外表面等效应变分布曲线

7.1.2.3　挤压模类型及模角对损伤的影响

挤压模类型及模角的不同引起管体外表面最大主应力与轴向拉应力比值的变化，从而造成管体外表面损伤的差异。不同挤压模类型及模角下，ϕ73mm 双端内加厚 7075 铝合金钻杆管体外表面的损伤因子分布曲线如图 7.10 所示。从图可见，挤压模分别为模角 60°，63° 和 65° 的平锥模及模角 60° 的锥形模时，管体外表面损伤因子最大值分别 0.399，0.361，0.419 和 0.467。即同一模角下，相较平锥模，使用锥形模时定径带内坯料金属外表面的最大主应力与轴向拉应力的比值最大，外表面的损伤因子最大；对于平锥模，随着模角的增加，管体后端过渡段成形时定径带内坯料金属外表面的最大主应力与轴向拉应力的比值先减小后增加，管体外表面的损伤因子也就相应先减小后增加；当采用模角为 63° 的平锥模时，管体外表面损伤因子整体最小。

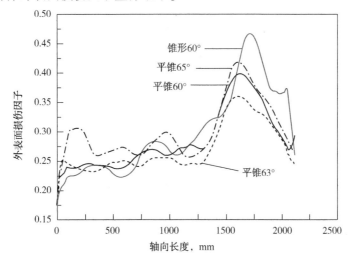

图 7.10　不同挤压模类型及模角下双端内加厚 7075 铝合金钻杆管体外表面损伤因子分布

7.1.2.4 挤压模类型及模角对动态再结晶的影响

挤压模类型及模角的不同引起管体外表面等效应变的变化，从而引起管体外表面动态再结晶的差异。不同挤压模类型及模角下，ϕ73mm 双端内加厚 7075 铝合金钻杆管体外表面动态再结晶百分数及动态再结晶晶粒平均尺寸分布曲线如图 7.11 所示。从图中可见，挤压模分别为模角 60°，63°和 65°的平锥模及模角 60°的锥形模时，管体前端外表面动态再结晶百分数最大值分别为 13.740%，14.759%，13.596%和 12.604%，动态再结晶晶粒平均尺寸最大值分别为 16.909μm，17.829μm，16.678μm 和 13.382μm；管体后端外表面动态再结晶百分数最大值分别为 44.355%，45.335%，47.819%和 70.255%，动态再结晶晶粒平均尺寸最大值分别为 23.502μm，23.180μm，23.351μm 和 24.568μm。管体前端与后端外表面动态再结晶百分数最大值的差值分别为 30.615%，30.576%，34.223%和 57.651%，管体前端与管体后端外表面动态再结晶晶粒平均尺寸最大值差值分别为 6.593μm，5.351μm，6.673μm 和 11.186μm。即当模角相同时，相对平锥模，使用锥形模时管体外表面等效应变明显增大，动态再结晶百分数及动态再结晶晶粒平均尺寸在轴向上的差距明显增加；当使用平锥模时，随着模角的增加，管体外表面的等效应变先减小后增加，管体外表面动态再结晶百分数、动态再结晶晶粒平均尺寸在轴向上的差值先减小后增加。综合而言，当使用模角为 63°的平锥模时，管体外表面动态再结晶百分数及动态再结晶晶粒平均尺寸在轴向上的差值最小。

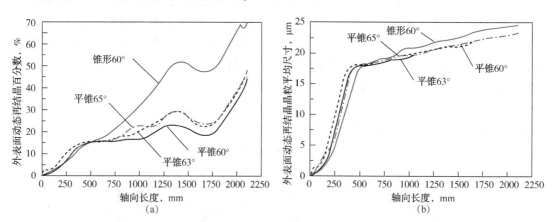

图 7.11 不同挤压模类型及模角下，双端内加厚 7075 铝合金钻杆管体外表面动态再结晶百分数(a)及动态再结晶晶粒平均尺寸分布曲线(b)

7.1.2.5 挤压模类型及模角对管体尺寸偏差的影响

挤压模类型及模角的不同引起管体后端过渡段成形时径向压应力的变化，从而引起管体外径偏差的差异。不同挤压模类型及模角下 ϕ73mm 双端内加厚 7075 铝合金钻杆管体外径偏差分布曲线如图 7.12 所示。从图可见，挤压模分别为 60°，63°和 65°的平锥模及模角 60°的锥形模时，管体外径偏差最大值分别为 2.732%，2.176%，1.883%和 1.342%。即同一模下，相较平锥模，使用锥形模时，位于挤压模锥形面内靠近定径带的坯料金属的内外表面径向压应力差较小，管体的外径偏差明显减小；使用平锥模时，随着模角的增加，管体外径偏差逐渐减小。

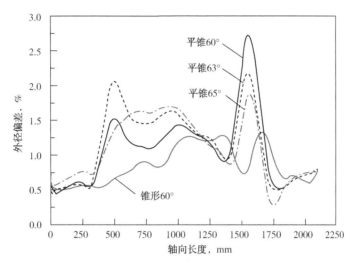

图 7.12　不同穿孔针过渡段锥形长度下双端内加厚 7075 铝合金钻杆外径偏差分布曲线

挤压模类型及模角的不同引起管体后端过渡段成形时径向压应力的变化，从而引起管体壁厚偏差的差异。不同挤压模类型及模角下双端内加厚 7075 铝合金钻杆管体壁厚偏差分布曲线如图 7.13 所示。从图中可见，挤压模分别为模角 60°，63°和 65°的平锥模及模角 60°的锥形模时，管体前端壁厚偏差最大值分别为 7.159%，17.373%，13.326% 和 16.268%。即当采用模角为 60°的平锥模时，管体成形时处于挤压模锥形面内靠近定径带的坯料金属的内、外表面径向压应力差及外表面径向压应力较小，管体壁厚偏差也相应最小。

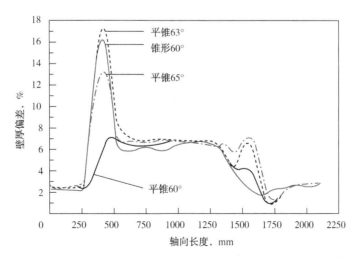

图 7.13　不同穿孔针过渡段锥形长度下双端内加厚 7075 铝合金钻杆壁厚偏差分布曲线

综上可见，对于双端内加厚 7075 铝合金钻杆管体的一次挤压成形，相对于平锥模，同模角的锥形模，管体外表面损伤及动态再结晶百分数、动态再结晶晶粒平均尺寸轴向差增加，外径偏差减小；当使用平锥模时，随模角的增加，管体外表面损伤及动态再结晶百分数、动态再结晶晶粒平均尺寸轴向差先减小后增加；当采用模角为63°的平锥模时，管体外表面损伤、外表面的动态再结晶百分数及动态再结晶晶粒平均尺寸在轴向差最小，壁厚偏差虽最大，但外径偏差较小，管体整体成形质量最好。

7.2 挤压工艺

7.2.1 挤压比

本节分别模拟采用锥形段长度为12.5mm的穿孔针、模角为63°的平锥模，挤压温度为380℃、挤压轴挤压速度为1.12mm/s的挤压工艺，挤压比分别为15，20，25和30时，ϕ73mm双端内加厚7075铝合金钻杆的一次挤压成形过程。对比得到挤压比对管体后端成形过程中应力、管体外表面等效应变、损伤、动态再结晶百分数、动态再结晶晶粒平均尺寸及外径偏差、壁厚偏差等成形质量的影响，优化管体挤压成形的挤压比。

7.2.1.1 挤压比对应力分布的影响

挤压比不同引起管体后端过渡段成形时铸锭上应力分布的差异。不同挤压比下，ϕ73mm双端内加厚7075铝合金钻杆管体后端过渡段成形时坯料上应力分布云图如图7.14所示。从图中可见，当挤压比分别为15，20，25和30时，定径带内坯料外表面最大主应力的拉应力分别达到47.0MPa，39.0MPa，18.2MPa和44.4MPa，最大轴向拉应力分别为42.9MPa，38.6MPa，18.0MPa和43.1MPa，最大主应力与轴向应力的比值分别为1.096，1.010，1.011和1.030。即随着挤压比的增加，管体外表面最大主应力与轴向应力的比值先减小后增加，在挤压比为15时最大，在挤压比为20时最小。当挤压比分别为15，20，25和30时，挤压模锥形面内靠近定径带位置的坯料外表面径向压应力分别达到221MPa，220MPa，229MPa和227MPa，内表面径向压应力分别达到147MPa，147MPa，153MPa和151MPa，外表面径向压应力与内表面径向压应力差值分别为74MPa，73MPa，76MPa和78MPa。即随着挤压比的增加，挤压模锥形面内靠近定径带的坯料金属内、外表面径向压应力差增大。

7.2.1.2 挤压比对等效应变的影响

挤压比的不同引起管体外表面等效应变的差异。不同挤压比时，ϕ73mm双端内加厚7075铝合金钻杆管体外表面等效应变分布曲线如图7.15所示。从图可见，挤压比分别为15，20，25和30时，管体前端外表面的等效应变最大值分别为4.085mm/mm，3.897mm/mm，3.743mm/mm和3.799mm/mm，管体后端外表面等效应变最大值分别为8.097mm/mm，6.617mm/mm，5.883mm/mm和5.144mm/mm，管体前端、后端外表面等效应变最大值的差值分别为4.012mm/mm，2.720mm/mm，2.140mm/mm和1.345mm/mm。即随着挤压比的增加，管体外表面的最大等效应变减小，管体轴向上的等效应变差值减小。

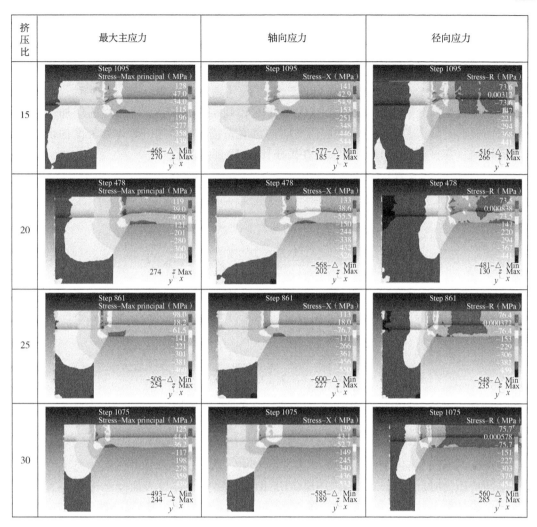

图 7.14　不同挤压比下双端内加厚 7075 铝合金钻杆管体后端过渡段成形过程中应力分布云图

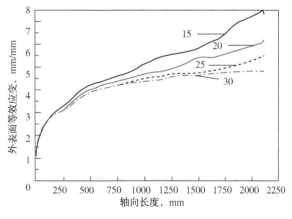

图 7.15　不同挤压比时双端内加厚 7075 铝合金钻杆管体外表面等效应变分布曲线

7.2.1.3 挤压比对损伤的影响

挤压比的不同引起管体外表面最大主应力与轴向拉应力比值的变化，从而造成管体外表面损伤的差异。不同挤压比下 φ73mm 双端内加厚 7075 铝合金钻杆管体外表面的损伤因子分布曲线如图 7.16 所示。从图中可见，挤压比分别为 15，20，25 和 30 时，管体外表面损伤因子最大值分别为 0.486，0.353，0.356 和 0.430。即随着挤压比的增加，由于管体外表面成形时最大主应力与轴向应力之间的比值先减小后增加，管体外表面损伤因子先减小后增加，在挤压比为 15 时最大，在挤压比为 20 时最小。

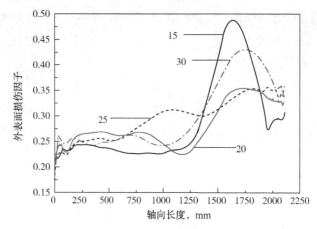

图 7.16　不同挤压比时双端内加厚 7075 铝合金钻杆管体外表面损伤因子分布曲线

7.2.1.4 挤压比对动态再结晶的影响

挤压比的不同引起管体外表面等效应变的变化，从而引起管体外表面动态再结晶的差异。不同挤压比时，φ73mm 双端内加厚 7075 铝合金钻杆管体外表面动态再结晶百分数及动态再结晶晶粒平均尺寸分布曲线如图 7.17 所示。从图可见，挤压比分别为 15，20，25 和 30 时，管体前端外表面动态再结晶百分数最大值分别为 14.027%，13.481%，12.643% 和 12.573%，动态再结晶晶粒平均尺寸最大值分别为 17.616μm，15.510μm，14.665μm 和 15.061μm，管体后端外表面动态再结晶百分数最大值分别为 83.137%，68.110%，45.247% 和 21.822%，动态再结晶晶粒平均尺寸最大值分别为 25.429μm，25.194μm，23.395μm 和 22.027μm。管体前端、后端外表面动态再结晶百分数最大值的差值 69.110%，54.629%，32.604% 和 9.249%，最大动态再结晶晶粒平均尺寸最大值差值分别为 7.813μm，9.684μm，8.730μm 和 6.966μm。即随着挤压比的增加，管体外表面动态再结晶百分数及动态再结晶晶粒平均尺寸减小，且在管体轴向上的差距减小。

7.2.1.5 挤压比对管体尺寸偏差的影响

挤压比的不同引起管体后端过渡段成形时径向压应力的变化，从而引起管体外径偏差的差异。不同挤压比下，φ73mm 双端内加厚 7075 铝合金钻杆管体外径偏差分布曲线如图 7.18 所示。从图可见，当挤压比为 15，20，25 和 30 时，管体外表面外径偏差最大值分别为 1.900%，2.409%，2.517% 和 5.944%。即随着挤压比的增加，挤压模锥形面内靠近定径带的金属坯料内外表面径向应力差增大，管体外径偏差增加，在挤压比为 30 时最大。

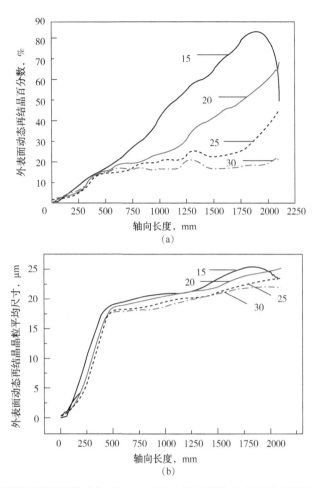

图 7.17　不同挤压比时双端内加厚 7075 铝合金钻杆管体外表面动态再结晶百分数(a)
及动态再结晶晶粒平均尺寸(b)分布曲线

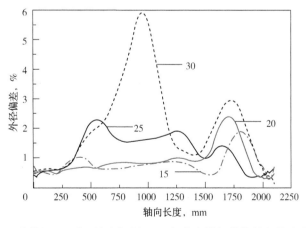

图 7.18　不同挤压比时双端内加厚 7075 铝合金钻杆管体外径偏差分布曲线

挤压比的不同引起管体后端过渡段成形时径向压应力的变化，从而引起管体壁厚偏差的差异。不同挤压比下双端内加厚 7075 铝合金钻杆管体壁厚偏差分布曲线如图 7.19 所示。从图可见，当挤压比为 15，20，25 和 30 时，管体壁厚偏差最大值分别为 19.020%，10.447%，9.283% 和 13.411%。即随着挤压比的增加，管体成形处于挤压模锥形面内靠近定径带的坯料金属内外表面的径向应力差增加，外表面径向应力先减小后增加，综合影响下，壁厚偏差先减小后增加，在挤压比为 25 时最小。

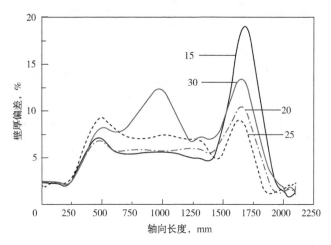

图 7.19　不同挤压比时双端内加厚 7075 铝合金钻杆管体壁厚偏差分布曲线

综上可见，对于双端内加厚 7075 铝合金钻杆管体的一次挤压成形，随着挤压比的增加，管体外表面损伤先减小后增加；管体外表面的动态再结晶百分数、动态再结晶晶粒平均尺寸轴向差距减小；管体外径偏差增大；管体壁厚偏差先减小后增加。当挤压比为 25 时，外表面损伤及动态再结晶百分数、动态再结晶晶粒平均尺寸轴向差、外径偏差较小，壁厚偏差最小，管体整体成形质量最好。

7.2.2　挤压温度

本节分别模拟采用锥形段长度为 12.5mm 的穿孔针，模角为 63° 的平锥模，挤压比为 25，挤压轴挤压速度为 1.12mm/s 的挤压工艺，当挤压温度分别为 380℃，400℃，420℃，440℃ 和 460℃ 时，ϕ73mm 双端内加厚 7075 铝合金钻杆的一次挤压成形过程，对比得到挤压温度对管体后端成形过程中应力、管体上外表面等效应变、损伤、动态再结晶百分数、动态再结晶晶粒平均尺寸及外径偏差、壁厚偏差等成形质量的影响，优化挤压温度。

7.2.2.1　挤压温度对应力分布的影响

挤压温度的不同引起管体后端过渡段成形时铸锭上应力分布的差异。不同挤压温度下，ϕ73mm 双端内加厚 7075 铝合金钻杆管体后端过渡段成形时坯料上应力分布云图如图 7.20 所示。从图可见，当挤压温度分别为 380℃，400℃，420℃，440℃ 和 460℃ 时，定径带内坯料外表面最大主应力分别达到 27.6MPa，37.9MPa，30.1MPa，21.4MPa 和 26.0MPa，最大轴向拉应力分别达到 27.5MPa，37.5MPa，29.6MPa，21.2MPa 和 25.5MPa，最大主应力与轴向应力的比值分别为 1.004，1.011，1.017，1.009 和 1.020。即随着挤压温度的增加，管体外表面最大主应力与轴向应力的比值波动增加，在挤压温度为460℃时最大，在挤压温度为380℃时最小。挤压模锥形面内靠近定径带位置的坯料外表面径向压应力分别达到214MPa、186MPa、175MPa、165MPa和146MPa，挤压模锥形面内靠近定径带位置的坯料内表面径向压应力分别达到143MPa、124MPa、117MPa、110MPa和97.1MPa，该处坯料内、外表面径向压应力差分别为71MPa、62MPa、58MPa、55MPa和49MPa，即随着挤压温度的增加，管体后端过渡段成形时内外表面径向压应力差减小。

铸锭预热温度℃	最大主应力	轴向应力	径向应力
380			
400			
420			
440			
460			

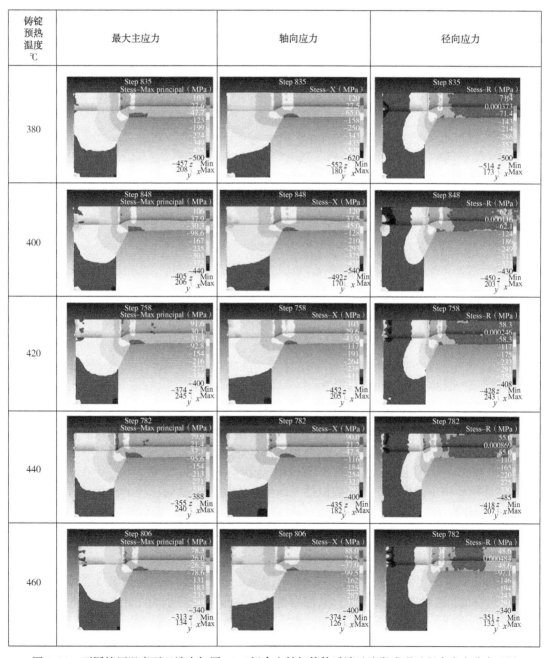

图7.20　不同挤压温度下双端内加厚7075铝合金钻杆管体后端过渡段成形过程中应力分布云图

7.2.2.2 挤压温度对等效应变的影响

挤压温度的不同引起管体外表面等效应变的差异。不同挤压温度时双端 φ73mm 内加厚 7075 铝合金钻杆管体外表面等效应变分布曲线如图 7.21 所示。从图中可见，挤压温度分别为 380℃，400℃，420℃，440℃和 460℃时，管体后端等效应变最大值分别为 5.881mm/mm，5.766mm/mm，5.838mm/mm，5.828mm/mm 和 5.759mm/mm，管体外表面后端的等效应变最小值分别为 5.165mm/mm，5.177mm/mm，5.100mm/mm，5.117mm/mm 和 5.188mm/mm，管体后端外表面等效应变最大值、最小值的差值分别为 0.716mm/mm，0.589mm/mm，0.738mm/mm，0.711mm/mm 和 0.571mm/mm。即随着挤压温度的增加，管体外表面的等效应变及管体轴向上的等效应变差值呈减少的趋势，但减少程度变小，保持在 0.15 以下，挤压温度对管体外表面等效应变的影响较小。

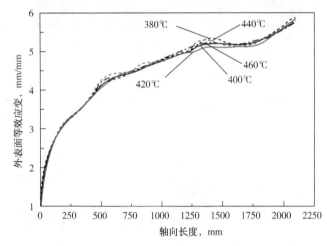

图 7.21　不同挤压温度时双端内加厚 7075 铝合金钻杆管体外表面等效应变轴向分布曲线

7.2.2.3 挤压温度对损伤的影响

挤压温度的不同引起管体外表面最大主应力与轴向拉应力比值的变化，从而造成管体外表面损伤的差异。不同挤压温度时，φ73mm 双端内加厚 7075 铝合金钻杆管体外表面的损伤因子分布曲线如图 7.22 所示。从图中可见，挤压温度分别为 380℃，400℃，420℃，440℃和 460℃时，管体外表面最大损伤因子分别为 0.361，0.376，0.403，0.357 和 0.424。即随着挤压温度的增加，管体外表面最大主应力与轴向应力的比值波动增加，管体外表面损伤因子呈波动增加的趋势，当挤压温度为 380℃时，管体外表面损伤因子最小。

7.2.2.4 挤压温度对动态再结晶的影响

挤压温度对动态再结晶的影响主要表现在管体主体段及后端过渡段。不同挤压温度时，φ73mm 双端内加厚 7075 铝合金钻杆管体外表面动态再结晶百分数及动态再结晶晶粒平均尺寸分布曲线如图 7.23 所示。从图中可见，挤压温度分别为 380℃，400℃，420℃，440℃和 460℃时，管体后端外表面动态再结晶百分数最大值分别为 45.335%，43.735%，47.568%，49.109%和 49.249%，管体前端外表面动态再结晶百分数最大值分别为 14.759%，14.997%，13.815%，13.530%和 12.776%，管体前端、后端外表面动态再结

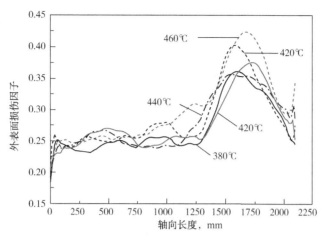

图 7.22 不同挤压温度时双端内加厚 7075 铝合金钻杆外表面损伤因子分布曲线

晶百分数最大值差值分别为 30.576%，28.738%，33.753%，35.579% 和 36.473%；管体前端动态再结晶晶粒平均尺寸最大值分别为 17.829μm，19.285μm，20.698μm，22.488μm 和 23.930μm，管体后端动态再结晶晶粒平均尺寸最大值分别为 23.180μm，25.202μm，27.677μm，29.808μm 和 32.036μm，管体前端、后端动态再结晶晶粒平均尺寸最大值差值分别为 5.351μm，5.917μm，6.979μm，7.320μm 和 8.106μm。尽管铸锭预热温度对管体外表面等效应变的影响不大，但挤压温度的增加，促进了动态再结晶的发生及动态再结晶晶粒的长大，管体外表面动态再结晶百分数及动态再结晶晶粒平均尺寸轴向上的差距呈增加趋势。当挤压温度为 400℃ 时，管体外表面动态再结晶百分数轴向差最小；当挤压温度为 380℃ 时，管体外表面动态再结晶晶粒平均尺寸轴向差最小。

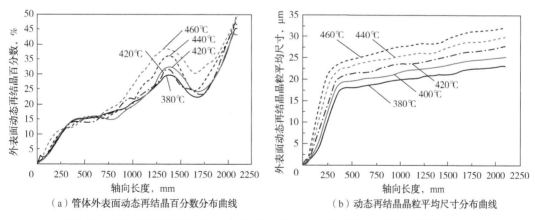

(a) 管体外表面动态再结晶百分数分布曲线 　　(b) 动态再结晶晶粒平均尺寸分布曲线

图 7.23 不同挤压温度下双端内加厚 7075 铝合金钻杆管体外表面动态再结晶情况

7.2.2.5 挤压温度对管体尺寸偏差的影响

挤压温度的不同引起管体后端过渡段成形时径向压应力的变化，从而引起管体外径偏差的差异。不同挤压温度时，φ73mm 双端内加厚 7075 铝合金钻杆管体外径偏差分布曲线如图 7.24 所示。从图中可见，挤压温度分别为 380℃，400℃，420℃，440℃ 和 460℃ 时，管体外径偏差最大值分别为2.176%，1.846%，2.667%，2.105%和1.711%。由于随着挤压温度的增加，挤压模锥形面内靠近定径带的坯料金属内外表面径向应力差减小，管体外径偏差也呈波动减小的趋势，但温度的升高使得塑形变形能力增加，在相同的应力差下，金属流向内凹陷的程度增加，管体外径偏差有增大的趋势，因此管体外径偏差呈现波动减小的变化趋势。当挤压温度为460℃，外径偏差最小。

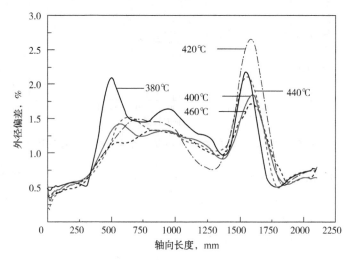

图 7.24　不同挤压温度时双端内加厚 7075 铝合金钻杆管体外径偏差分布曲线

挤压温度的不同引起管体后端过渡段成形时径向压应力的变化，从而引起管体壁厚偏差的差异。不同挤压温度时，ϕ73mm 双端内加厚 7075 铝合金钻杆管体壁厚偏差分布曲线如图 7.25 所示。从图中可见，挤压温度分别为 380℃，400℃，420℃，440℃和 460℃时，管体壁厚偏差最大值分别为 17.373%，6.912%，7.243%，6.870%和 6.626%。管体壁厚偏差受挤压温度变化的规律与外径偏差相同，呈现波动减小的趋势。当挤压温度为 460℃时，管体壁厚偏差最小。

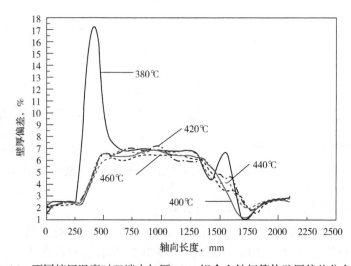

图 7.25　不同挤压温度时双端内加厚 7075 铝合金钻杆管体壁厚偏差分布曲线

综上，对于 ϕ73mm 双端内加厚 7075 铝合金钻杆管体的一次挤压成形，管体外表面的损伤因子波动增加；管体外表面动态再结晶百分数及动态再结晶晶粒平均尺寸轴向上的差距呈增加趋势；外径偏差及壁厚偏差呈减小趋势。综合比较，当挤压温度为 400℃ 时，管体外表面损伤因子、动态再结晶百分数及动态再结晶晶粒平均尺寸在管体轴向上的差距较小，且外径偏差及壁厚偏差也只较挤压温度为 460℃ 时略高，整体成形质量最好。

7.2.3　挤压速度

本节分别模拟采用锥形段长度为 12.5mm 的穿孔针，模角为 63° 的平锥模，挤压比为 25、挤压温度 400℃ 的挤压工艺，当挤压轴挤压速度分别为 1.12mm/s，1.52mm/s，1.92mm/s 和 2.32mm/s 时，ϕ73mm 双端内加厚 7075 铝合金钻杆的一次挤压成形过程，对比得到挤压速度对管体后端成形过程中应力、管体上外表面等效应变、损伤、动态再结晶百分数、动态再结晶晶粒平均尺寸及外径偏差、壁厚偏差等成形质量的影响，优化挤压速度。

7.2.3.1　挤压速度对应力分布的影响

挤压速度的不同引起管体后端过渡段成形时铸锭上应力分布的差异。不同挤压速度下，ϕ73mm 双端内加厚 7075 铝合金钻杆管体后端过渡段成形时坯料上应力分布云图如图 7.26 所示。从图中可见，挤压速度分别为 1.12mm/s，1.52mm/s，1.92mm/s 和 2.32mm/s 时，定径带内坯料外表面最大拉应力分别达到 37.9MPa，45.7MPa，41.8MPa 和 42.5MPa，最大轴向拉应力分别达到 37.5MPa，44.4MPa，41.2MPa 和 41.2MPa，最大主应力与轴向应力的比值分别为 1.011，1.029，1.015 和 1.033。即随着挤压速度的增加，管体外表面最大主应力与轴向应力的比值呈波动增加的趋势。挤压模锥形面内靠近定径带位置的坯料外表面径向压应力分别达到 186MPa，209MPa，213MPa 和 199MPa，外表面径向压应力分别为 62.1MPa，69.7MPa，71.1MPa 和 66.4MPa，外表面径向压应力与内表面径向压应力差值分别达到 123.9MPa，139.3MPa，142.2MPa 和 132.5MPa。即随着挤压速度的增加，管体后端过渡段成形时径向应力差先增加后减小。

7.2.3.2　挤压速度对等效应变的影响

挤压速度的不同引起管体外表面等效应变的差异。不同挤压速度时，ϕ73mm 双端内加厚 7075 铝合金钻杆管体外表面等效应变分布曲线如图 7.27 所示。从图中可见，挤压速度分别为 1.12mm/s，1.52mm/s，1.92mm/s 和 2.32mm/s 时，管体前端外表面的最大等效应变分别为 3.814mm/mm，3.775mm/mm，3.760mm/mm 和 3.832mm/mm，管体后端外表面最大等效应变分别为 5.766mm/mm，5.745mm/mm，5.922mm/mm 和 5.739mm/mm，管体前后端外表面最大、最小等效应变的差值分别为 1.952mm/mm，1.970mm/mm，2.160mm/mm 和 1.907mm/mm。即管体外表面等效应变的差距保持在 0.25mm/mm 以内，因此挤压速度对管体外表面等效应变的影响较小。

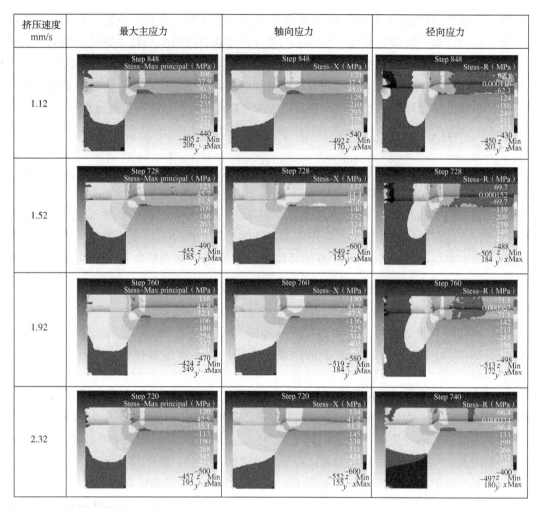

图 7.26　不同挤压轴挤压速度下双端内加厚 7075 铝合金钻杆管体后端过渡段成形过程中应力分布云图

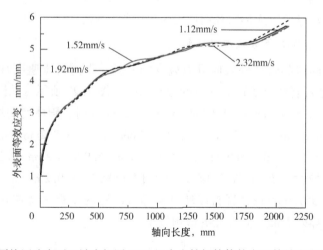

图 7.27　不同挤压速度下双端内加厚 7075 铝合金钻杆管体外表面等效应变轴向分布曲线

7.2.3.3 挤压速度对损伤的影响

挤压速度的不同引起管体外表面最大主应力与轴向拉应力比值的变化，从而造成管体外表面损伤的差异。不同挤压速度下，ϕ73mm 双端内加厚 7075 铝合金钻杆管体外表面的损伤因子分布曲线如图 7.28 所示。从图中可见，挤压速度分别为 1.12mm/s，1.52mm/s，1.92mm/s 和 2.32mm/s 时，管体外表面最大损伤因子分别为 0.376，0.417，0.387 和 0.417。即随着挤压速度的增加，由于管体成形时外表面的最大主应力与轴向拉应力的比值呈波动增加的趋势，管体外表面损伤因子呈波动增加的趋势，且当挤压速度为 1.12mm/s 时管体外表面损伤程度最小。

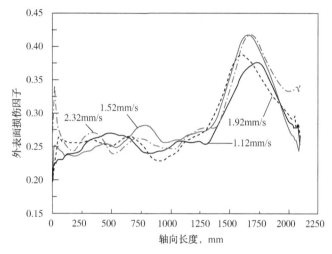

图 7.28 不同挤压速度下双端内加厚 7075 铝合金钻杆管体外表面损伤因子轴向分布曲线

7.2.3.4 挤压速度对动态再结晶的影响

挤压速度对动态再结晶的影响主要表现在管体后端。不同挤压速度时，ϕ73mm 双端内加厚 7075 铝合金钻杆管体外表面动态再结晶百分数及动态再结晶晶粒平均尺寸分布曲线如图 7.29 所示。从图中可见，挤压速度分别为 1.12mm/s，1.52mm/s，1.92mm/s 和 2.32mm/s 时，管体前端动态再结晶百分数最大值分别为 14.997%，14.606%，15.240% 和 16.647%，管体主体段外表面动态再结晶百分数最大值分别为 43.318%，44.862%，53.588% 和 46.631%，管体前后端外表面动态再结晶百分数最大值差值分别为 28.321%，30.256%，38.348% 和 29.984%，即随着挤压速度的增加，管体外表面动态再结晶百分数轴向差先增大后减小；管体前端外表面动态再结晶晶粒平均尺寸最大值分别为 22.928μm，22.295μm，22.813μm 和 22.729μm，后端外表面动态再结晶晶粒平均尺寸最大值分别为 25.202μm，25.045μm，24.962μm 和 24.703μm，管体主体段、后端外表面动态再结晶晶粒平均尺寸最大值的差值分别为 2.274μm，2.75μm，2.149μm 和 1.974μm，差距在 0.776μm 以内，即管体外表面动态再结晶晶粒平均尺寸受挤压速度的影响较小，可以忽略。

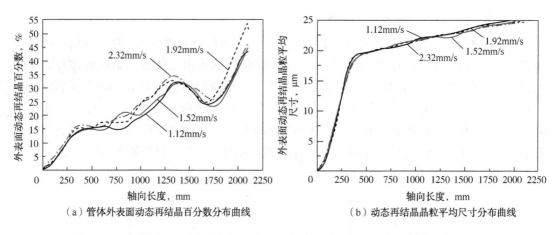

（a）管体外表面动态再结晶百分数分布曲线　　　（b）动态再结晶晶粒平均尺寸分布曲线

图 7.29　不同挤压速度下双端内加厚 7075 铝合金钻杆管体外表面动态再结晶情况

7.2.3.5　挤压速度对管体尺寸偏差的影响

挤压速度的不同引起管体后端过渡段成形时径向压应力的变化，从而引起管体外径偏差的差异。不同挤压速度下，ϕ73mm 双端内加厚 7075 铝合金钻杆管体外径偏差分布曲线如图 7.30 所示。从图中可见，挤压速度分别为 1.12mm/s，1.52mm/s，1.92mm/s 和 2.32mm/s 时，管体前端外径偏差最大值分别为 1.846%，1.870%，2.403% 和 1.719%。即随着挤压速度的增加，挤压模锥形面内靠近定径带的坯料金属内、外表面径向应力差先增加后减小，因此管体外径偏差先增加后减小。

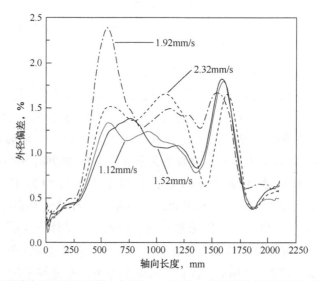

图 7.30　不同挤压速度下双端内加厚 7075 铝合金钻杆管体外径偏差轴向分布曲线

挤压速度的不同引起管体后端过渡段成形时径向压应力的变化，从而引起管体壁厚偏差的差异。不同挤压速度下，ϕ73mm 双端内加厚 7075 铝合金钻杆管体壁厚偏差分布曲线如图 7.31 所示。从图中可见，挤压速度分别为 1.12mm/s，1.52mm/s，1.92mm/s 和

2.32mm/s 时，管体前端壁厚偏差最大值分别为 6.912%，6.850%，9.477% 和 7.190%。即随着挤压速度的增加，管体壁厚偏差与外径偏差变化规律相近，呈先增加后减小的趋势。

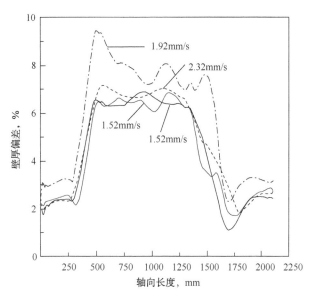

图 7.31　不同挤压速度下双端内加厚 7075 铝合金钻杆管体壁厚偏差轴向分布曲线

综上，对于 φ73mm 双端内加厚 7075 铝合金钻杆管体的一次挤压成形，随着挤压速度的增加，管体外表面损伤因此也呈波动增加趋势；管体外表面动态再结晶百分数轴向差、外径偏差、壁厚偏差先增大后减小。综合对比，当挤压速度为 1.12mm/s 时，管体外表面损伤因子、外表面动态再结晶百分数在轴向上的差距、外径偏差最小，壁厚偏差相对较小，管体整体成形质量最好。

本章设计了双端内加厚铝合金钻杆一次挤压成形工艺，并采用 Deform-3D 软件模拟在该种工艺下 φ73mm 双端内加厚 7075 铝合金钻杆管体的一次挤压成形过程，从管体成形中应力云图、等效应变分布及成形后管体外表面损伤、外表面动态再结晶百分数及外表面动态再结晶晶粒平均尺寸在轴向上的差距、外径偏差、壁厚偏差等方面，分析对比穿孔针锥形段长度、挤压模类型及模角等工模具几何形貌与挤压比、挤压温度及挤压速度等挤压工艺对双端内加厚 7075 铝合金钻杆挤压成形质量的影响。通过对比分析可见，当采用锥形段长度为 12.5mm、模角为 63° 的平锥模的工模具及挤压比为 25、挤压温度为 400℃、挤压轴挤压速度为 1.12mm/s 的挤压工艺时，管体外表面损伤、外表面动态再结晶百分数及外表面动态再结晶晶粒平均尺寸在轴向上差距、外径偏差及壁厚偏差整体较小，管体成形质量整体最佳。

参　考　文　献

[1] Karen Bybee. Aluminum Drillpipe Extends Operating Envelope for ERD Projects[J]. Journal of Petroleum Technology, 2010, 62(5): 67.

［2］Mao J S, Sun Y H, Liu B C. Research on One-Shot Process of Hot Extrusion Forming Technology for Aluminum Alloy Drill Pipe［J］. Applied Mechanics & Materials, 2013, 415：623.

［3］ISO 15546：2011 Petroleum and Natural Gas Industries-aluminium Alloy Drill Pipe［S］.

［4］Negendank M, Müller S, Reimers W. Extrusion of Aluminum Tubes with Axially Graded Wall Thickness and Mechanical Characterization［J］. Procedia Cirp, 2014, 18：3.

［5］EG Boice, RS Dalrymple. The Design and Performance Characteristics of Aluminum Drill Pipe［J］. Society of Petroleum Engineers, 1963, 15(12)：1285.

［6］Mr. William, William J G. Maurer. Implement Russian Aluminum Drill Pipe and Retractable Drilling Bits into the USA Volume Ⅰ：Development of Aluminum Drill Pipe in Russian［R］. Office of Scientific & Technical Information Technical Reports, 1999.

［7］徐静, 郑开宏, 刘志义, 等. 变截面铝合金钻杆管体的制备方法：中国, 201310731939.0［P］. 2013-12-27.

［8］曹宇. 铝合金钻杆变断面管体挤压成型及螺纹优化研究［D］. 长春：吉林大学, 2013.

［9］王小红, 林元华, 闫静, 等. 内径不变两端壁厚增大管材的挤压装置及挤压方法：中国, 201310753595.3［P］. 2014-4-23.